守护宝宝美好童年，从改善家居环境开始

多子家庭住宅设计

SPACE PLANNING FOR CHILDREN

万青 / 编

广西师范大学出版社
· 桂林 ·

图书在版编目(CIP)数据

多子家庭住宅设计 / 万青编 .—桂林：广西师范大学出版社，2019.8

ISBN 978-7-5598-1955-0

Ⅰ.①多… Ⅱ.①万… Ⅲ.①住宅-室内装饰设计 Ⅳ.①TU241

中国版本图书馆 CIP 数据核字 (2019) 第 143539 号

出 品 人：刘广汉

策划编辑：高 巍

责任编辑：肖 莉

助理编辑：马竹音

版式设计：六 元

广西师范大学出版社出版发行

（广西桂林市五里店路 9 号　　邮政编码：541004
网址：http: //www.bbtpress.com）

出版人：张艺兵

全国新华书店经销

销售热线：021-65200318　021-31260822-898

广州市番禺艺彩印刷联合有限公司印刷

（广州市番禺区石基镇小龙村 邮政编码：511400）

开本：720mm × 1 000mm　1/16

印张：15.5　字数：248 千字

2019 年 8 月第 1 版　2019 年 8 月第 1 次印刷

定价：88.00 元

FOREWORD

前 言

随着“二胎”政策的落实，很多家庭结构发生了变化。多子家庭越来越多，对多子家庭空间特殊性的讨论便提上日程。孩子在成长过程中的很多隐性需求会被家长忽视，这些即是设计师的关注点。

如何让孩子在一个欢乐有趣又充满爱的环境中成长？在家庭空间中如何同时关注多个孩子的需求？如何在有限的空间内动静分区，使孩子既可结伴游戏又能沉浸学习？空间环境是如何影响孩子的认知导向的？美学修养是否可以通过设计传达给孩子？多子家庭空间的特殊性体现在哪些方面？如何满足孩子不同的身体尺度和不同成长阶段对空间的需求？

多子家庭儿童的需求分为心理需求和身体需求。儿童需要足够的爱与关怀来建立自身的安全感，因而多个孩子与父母相处时，在本能的驱使下会存在争宠等问题，设计师需要考虑尽可能增大公共空间的面积，使父母在与孩子互动及玩耍时与他们有眼神、肢体动作、语言等交流，在孩子之间发生矛盾时，也能给予及时的疏导。孩子在和睦的家庭里感受爱与自由交流时可获得更多的平等感与安全感，这些心理需求的满足也会帮助儿童建立更为完整的人格，使他们成为被尊重且拥有独立人格的生命体。

身体需求方面则是基于设计中的人体工程学，不同的身高在偏静态或动态时所需要的空间不同，偏静态时只需考虑儿童站、坐、卧或踮脚的身体活动维度，而动态则要考虑儿童在跳、跑，甚至跌倒时的空间维度。有时错视觉的空间维度会影响儿童在运动时本能的判断，所以不同的空间维度给儿童带来的舒适性和安全性也是不同的。儿童的注意力不集中，通常在自由运动时受本能的指使，所以在设计中，墙角就应该尽量避免尖角，在家具的选择上也是同理。

让孩子在一个具有美学修养的环境中成长是一件非常有意义的事。孩子没有成人的知识储备及社会阅历，最初的认知来源于周围环境循序渐进的渗透，这种没有选择性的接受使多子家庭空间氛围的营造显得尤为重要。设计师如何通过空间环境来建立儿童的认知？具有艺术品位的设计作品可以调动孩子丰富的想象力。由于孩子的身体机能并未发育完全，所以对颜色的辨识度通常比成人低几个层次，高饱和度的颜色可适量出现在空间的配色系统中。点、线、面的适度配比与协调运用可以增强孩子对空间的感知能力，同时也益于孩子的心智发展。儿童的注意力难以长时间集中，因此，应该避免用过多的装饰与琐碎的细节分散孩子的注意力。在一定程度上，空间环境就是给孩子的教育，好的环境不一定教育出好孩子，但好的环境在一定程度上会影响孩子的认知。

在空间维度上，要考虑如何划分家庭活动区、父母与孩子的独立空间、储存空间及其他配套空间。首先，要尽可能将家庭的活动区域最大化，保证家庭成员之间的交流。另外，多子家庭的储物要求高于一般家庭，所以要考虑如何把孩子多个不同尺寸的物品有条理且高效地归置到收纳系统中。在设计孩子的独立空间时，设计师应考虑空间既要能让孩子之间结伴游戏，又能沉浸式地享受学习带来的乐趣。而监护人的房间可选择紧挨着儿童房间的位置，设置可变暗窗，方便夜间照看孩子，不用时关闭，保证儿童的隐私。

不同的孩子有不同的身体尺度，在不同成长阶段对空间的需求也各异。考虑到多个孩子成长带来的高差变化，可设计 2~3 维度的可变家具供不同孩子重复使用。例如，设置可以调整高度的桌面、椅子等。设计师还可以依据儿童的人体工程学在空间上给予孩子最舒适的家具尺度与身体活动的空间尺度，给予他们平等和被尊重的体验。

多子家庭空间的设计不仅仅是空间维度上的设计，更是生活方式和教育方式上的设计，本书将与您一起讨论多子家庭空间设计的方方面面。

万　青

2019 年 5 月 7 日

CONTENTS

目录

利用层高优势创造孩子的独立空间

基本信息

完成时间：2017年

地点：中国·台北市

设计公司：晟角制作设计有限公司

主创设计师：林昌毅

面积：50m²

原始格局：1室1厅

改造后格局：2室1厅

居住人：业主夫妇、业主的大儿子（5岁）、业主的小儿子（3个月）

主要材料：木皮、是超耐磨木地板、无甲醛乳胶漆、人造石、铁件

最终费用：30万元

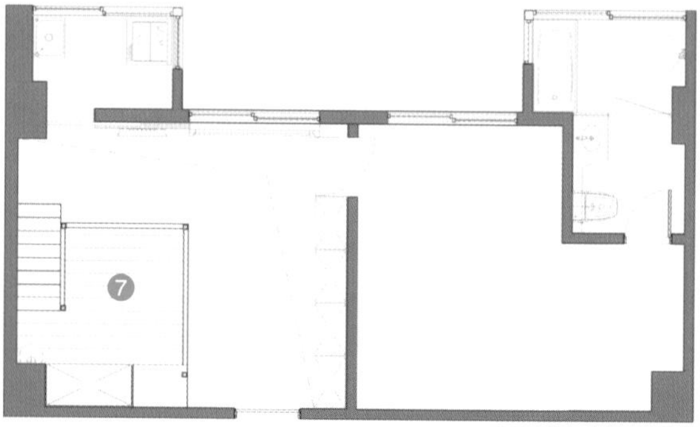

二层平面图

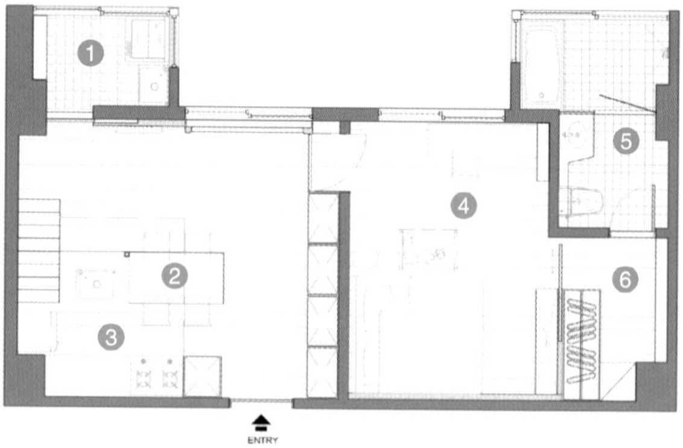

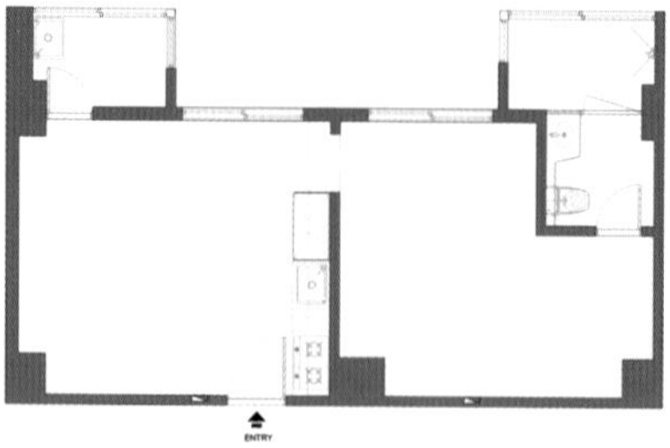

原始平面图

一层平面图

1. 洗衣房
2. 餐厅
3. 厨房
4. 主卧
5. 卫生间
6. 衣帽间
7. 儿童房

案例

01

业主需求

• 业主夫妇十分喜爱烹饪，也想和孩子一同做料理，因此希望厨房的空间能够大一点。

• 业主喜爱纯净的感觉，并希望家中每个角落都有阳光。

• 在忙于家务时，业主希望能随时观察到孩子的状况。

空间规划及设计

由于有新的家庭成员出生，因此业主买下这间房屋重新规划设计。在这个小家里，考虑到整体空间的有限性，设计上排除了一般家庭使用的客厅沙发区，改以中岛作为家的中心，增加家人间的交流互动。当妈妈忙于家务时，中岛前方的空间就是孩子最好的游戏区，当孩子年幼时，可同时将隐藏式房门关起，提供一个不让孩子乱跑又能自由活动的安全区域。而开放性的中岛也让妈妈不用再一个人关在密闭的厨房里独自做饭。在动线安排上，一进门为中岛区域。

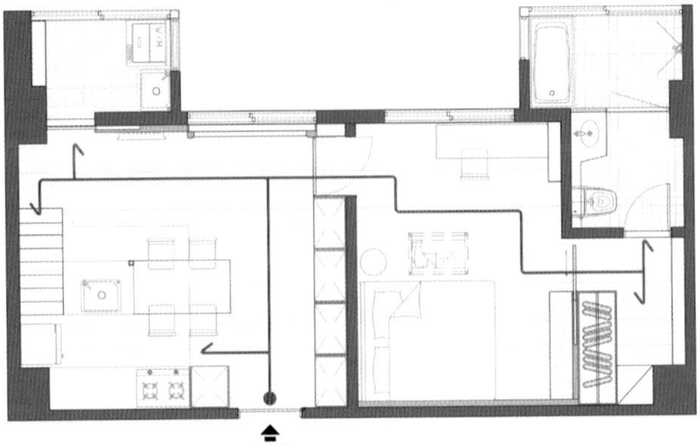

孩子可以享受和爸爸妈妈一同做点心的乐趣。卧室以卧床和简约配置的书桌为主轴，保留弹性的使用空间，可放娃娃床或是日后依实际需求做调整。

在空间上，将原本的旧铁窗从内层透过线板，修饰为大圆拱形的窗户，一方面和右侧的几何造型壁柜相互呼应，另一方面遮蔽了原本的铁窗，并搭配木制的百叶窗帘来调节光线，让屋内充满温暖的阳光，又不至于过于闷热。

家庭收纳规划

由于是四口之家，需要更多的收纳空间，因此家里设置了独立的更衣室。另外，因为业主十分喜爱买烹调的用具和电器，所以中岛下方特别规划了置物柜。楼梯下方的空间则可收纳大型电器，门口处则为整面高度3m的造型收纳柜，能摆放家中的各式用品。楼梯旁的空间设有展陈板，能摆放业主的收藏品和全家相片等，孩子的树屋房间则是用抽屉来收纳玩具和衣物。卧室处有独立的收纳柜（门后及书桌旁）来收纳大人的用品。

卧室的色调是业主十分喜爱的灰蓝色调。一开始，灰蓝色调仅规划使用于床头及床侧，而后延续到整间卧室，搭配上玫瑰粉色的装饰，展现出一种轻柔舒适的氛围。当推开白色的圆拱门时，凸显出进入不同空间的反差效果。

而为了给孩子一个独立的使用空间，家里特别规划了小树屋造型的城堡，使用积木造型的窗户，增添趣味性的同时增加通风及透光性。通往小树屋的楼梯也是精心设计的重点之一，使用仅 1.5cm 厚的轻薄铁件做结构上的支撑，梯面部分则铺上浅白色的德国木地板，带给孩子通往神奇城堡的趣味感觉。而楼梯下方也同时创造了一个可放置较高家电及其他物品的收纳空间，在靠楼梯口的墙面则使用了整片的湖绿色黑板漆，让孩子拥有可以尽情挥洒的大画布。

在树屋入口处，特别在墙上放置了趣味的气球灯，给孩子更有乐趣的空间。

在树屋的空间规划上，以和室的概念作为出发点，整体设计成平层，没有多余的家具，以此来增加空间的开阔性。在靠墙处放置了简单的抽屉来收纳孩子的个人用品，空间基本上可放下标准双人床及小书桌作为哥哥独立的儿童房，让哥哥在睡觉时能有自己的空间，不会被刚出生的婴儿打扰。

亲子家庭空间设计的特殊性

1. 业主的大儿子即将上小学，需要有自己独立的空间，因此设计师利用室内层高的优势规划了小树屋房间。

2. 在孩子刚开始学习的阶段，还需要家长辅导功课，因此，中岛以及餐桌会先成为孩子写作业的区域，让妈妈在忙于家务的同时可以辅导孩子做作业。

3. 还未满一岁的宝宝需要随时看护，因此，宝宝的床摆在父母床的旁边。

4. 为了扩大孩子的活动空间而舍弃传统的客厅，在中岛前方空出的大片空间就是孩子最好的游戏区，以后还可以铺设软垫，让小宝宝学习爬行和走路。

5. 门口的穿鞋椅高 30cm，是让孩子们自己学习穿鞋的地方，同时也是“躲猫猫”的好去处。

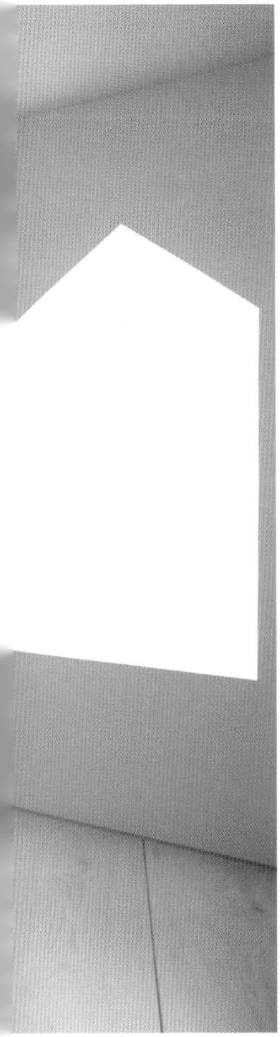

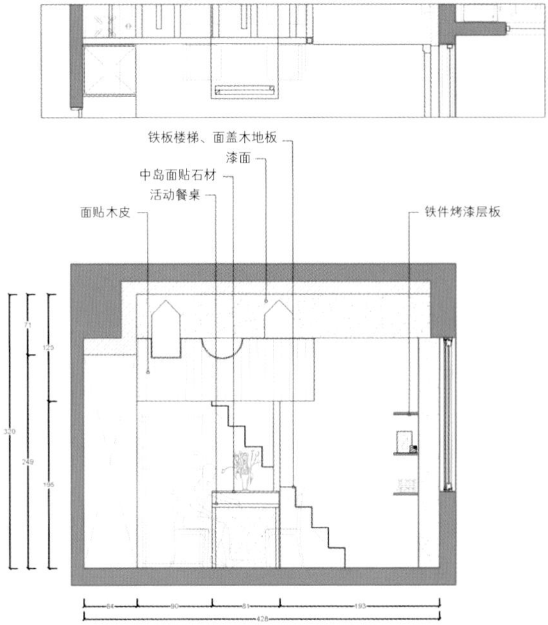
铁板楼梯、面盖木地板
漆面
中岛面贴石材
活动餐桌
面贴木皮
铁件烤漆层板

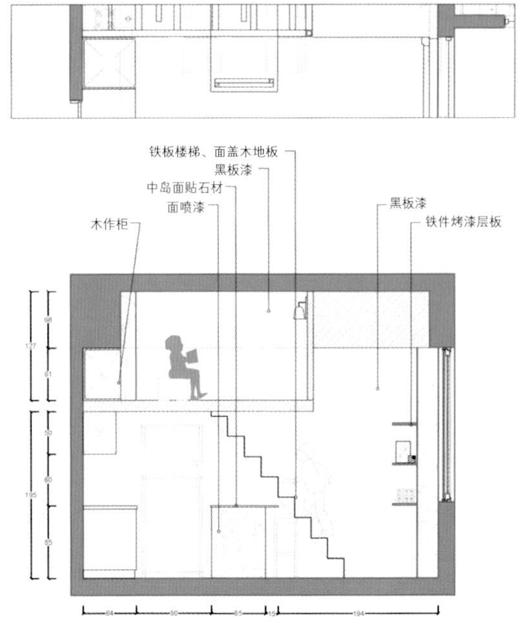
铁板楼梯、面盖木地板
黑板漆
中岛面贴石材
面喷漆
木作柜
黑板漆
铁件烤漆层板

孩子和父母共同成长的空间

基本信息

完成时间：2017 年
地点：中国 · 上海市
设计公司：Wutopia Lab
主创设计师：闵而尼，俞挺
面积：121m²
原始格局：3 室 2 厅
改造后格局：1 室 1 厅
居住人：业主夫妇、业主的女儿（16 个月）
主要材料：玻璃、木材、瓷砖、织物、石材、绿植、不锈钢
最终费用：39.87 万元

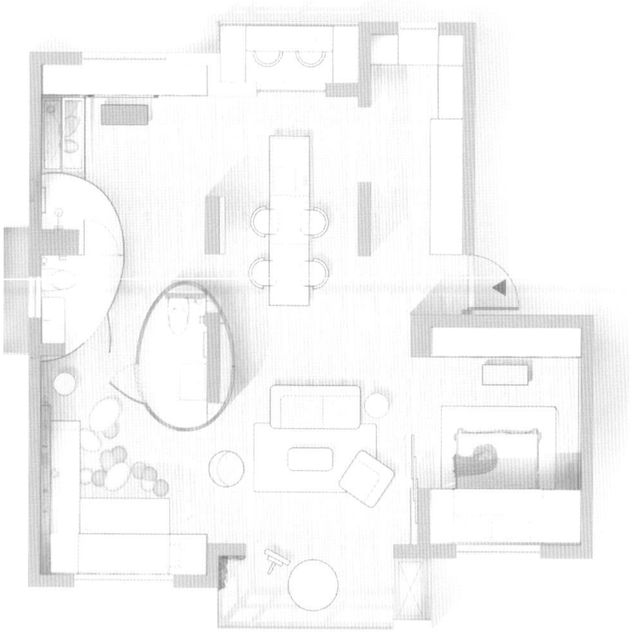

父母是孩子最好的榜样，为了做好榜样，父母需要修正自己的一言一行。在这个空间里，孩子和父母是共同成长的。

案例

02

业主需求

·业主希望能建立一个灵活、温馨并耐用的共享开放空间，由此促进孩子与家长的互动，让孩子与家长共同成长。

·这是一个“准二胎”家庭，业主夫妇有生育第二个宝宝的打算，要求自己的家能为未来的小宝宝做一些准备。

·男主人希望父亲的画和收集的手办可以用来做室内装饰，为自己的家提供一些怀旧的小情调。

·女主人偏爱白色调，并要求将北阳台改造为一个干净的景观阳台。

空间规划及设计

这个家是设计师依据教育理念来重构的空间。

拆卸了所有非承重墙之后，原本是 3 室 2 厅的标准套房变成了 1 室 1 厅，原来的主卧现在是业主夫妇的房间，原本的客厅里包括了童屋、厨房，以及其余的活动场所，并且被两个圆柱形的卫生间分割。

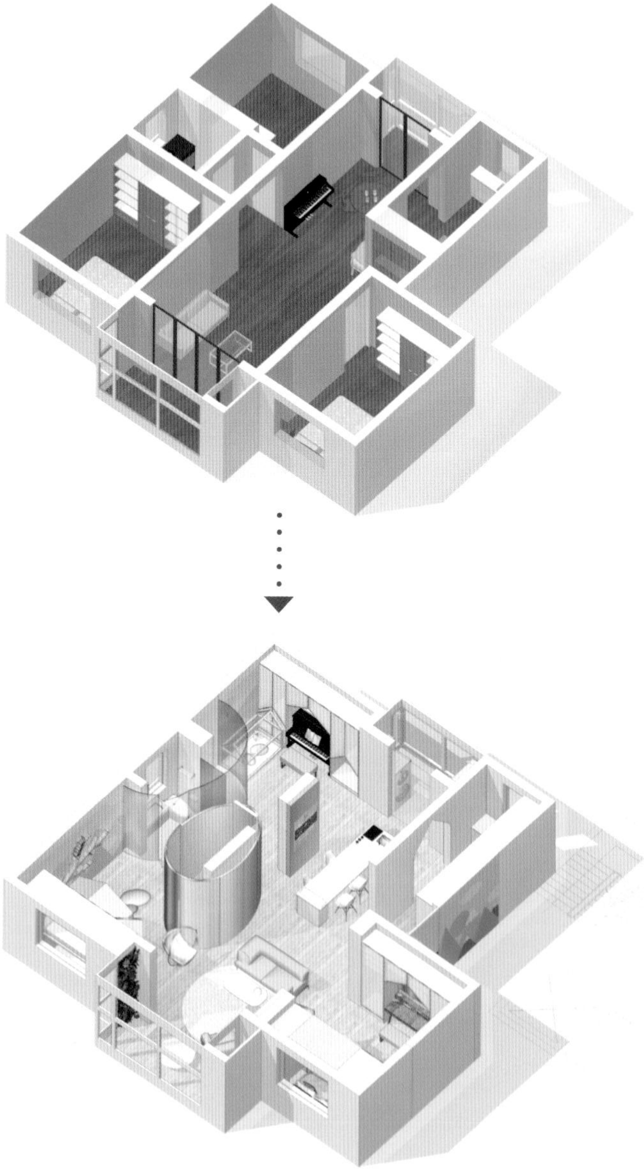

童屋的一体设计包括了床、书架和滑梯，它们与中岛、沙发被归纳于同一个空间里，形成3个社交区域：妈妈围绕中岛的烹饪区与家人闲谈，爸爸在沙发区看电影、打游戏，孩子在童屋读书、表演、嬉戏。放在床前的抱枕石与适合儿童尺寸的桌椅提供了满足幼儿需求的玩耍区域，这种开放式的设计解决了家长无法随时守护宝宝的担忧。儿童床考虑到未来还会有一个宝宝，被做成了上下铺。

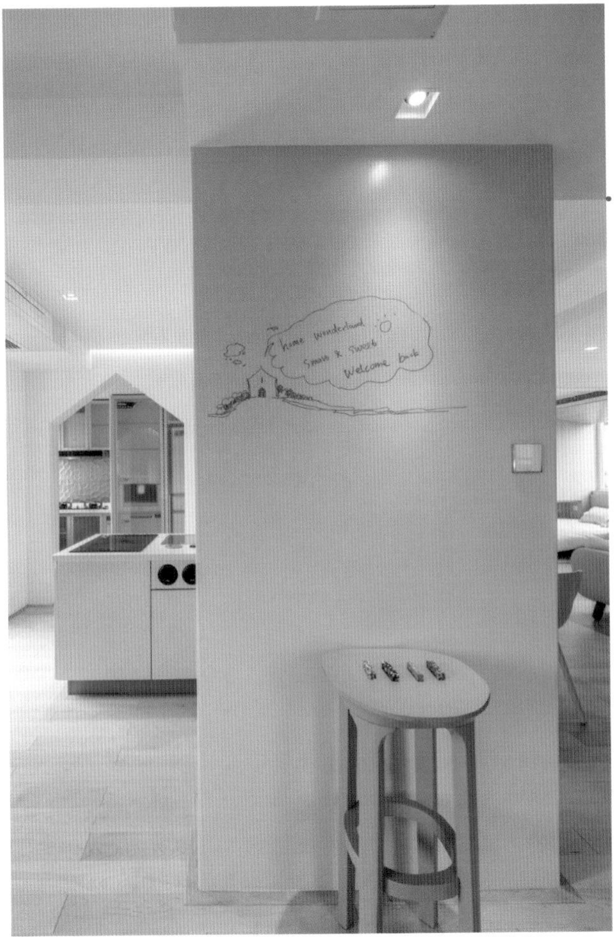

除了童屋这个玩耍区域，家里还有一个为孩子定做的手工帐篷，给宝宝提供了一个与宠物狗共享的、更隐蔽的小世界。一面原本存在的承重墙经过特殊油漆的粉刷成了一个四面的涂鸦柱，满足业主女儿画画的爱好。

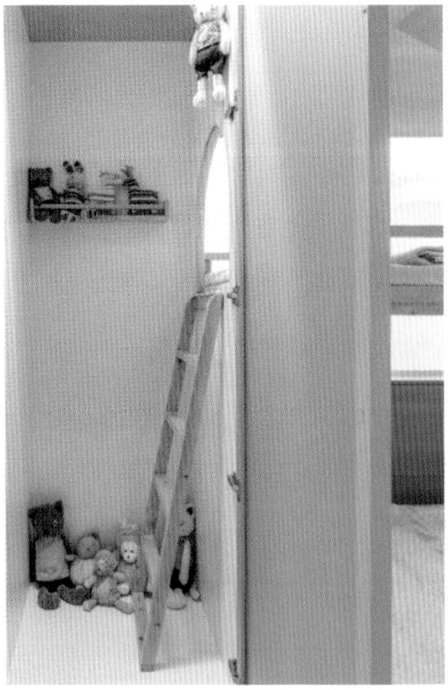

家庭收纳规划

衣柜存放的物品大致分为 5 类：

1. 大件：被子等。

2. 配饰：包、帽子、围巾等。

3. 首饰：耳钉、项链等。

4. 挂起来的衣物：羽绒服、外套、大衣、衬衣、连衣裙、半裙等。

5. 叠起来的衣物：T 恤衫、打底衫、针织衫、内衣、内裤、各类袜子等。

由此大致形成悬挂区（长衣区、短衣区、半裙区）、折叠区、抽屉区、小抽屉区。还有一个专门的书架收纳儿童书。

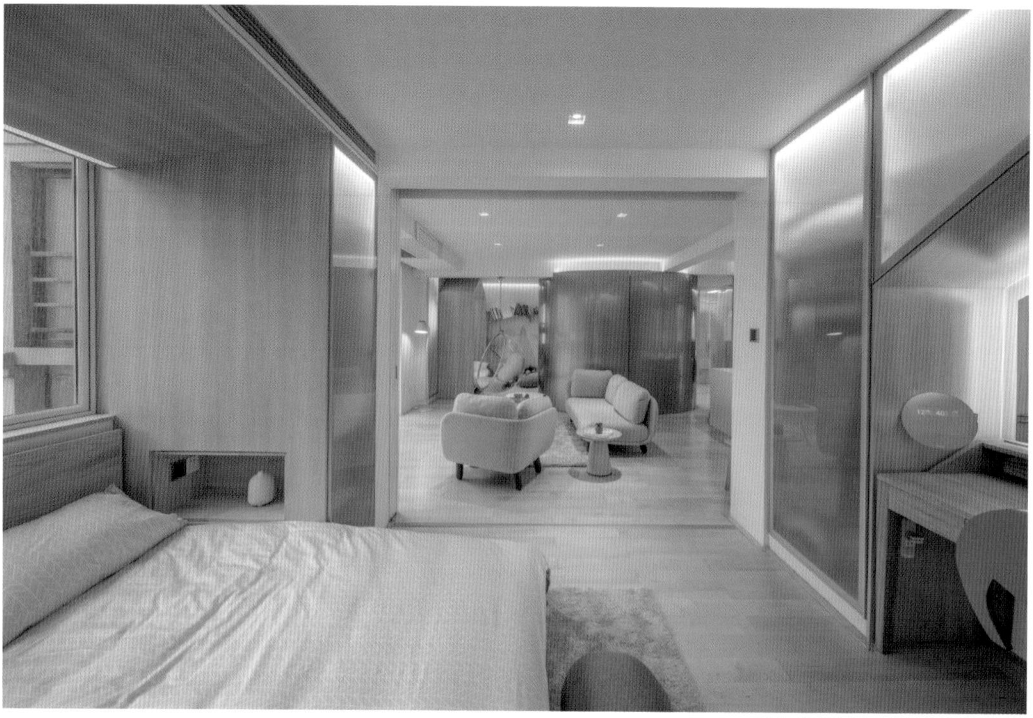

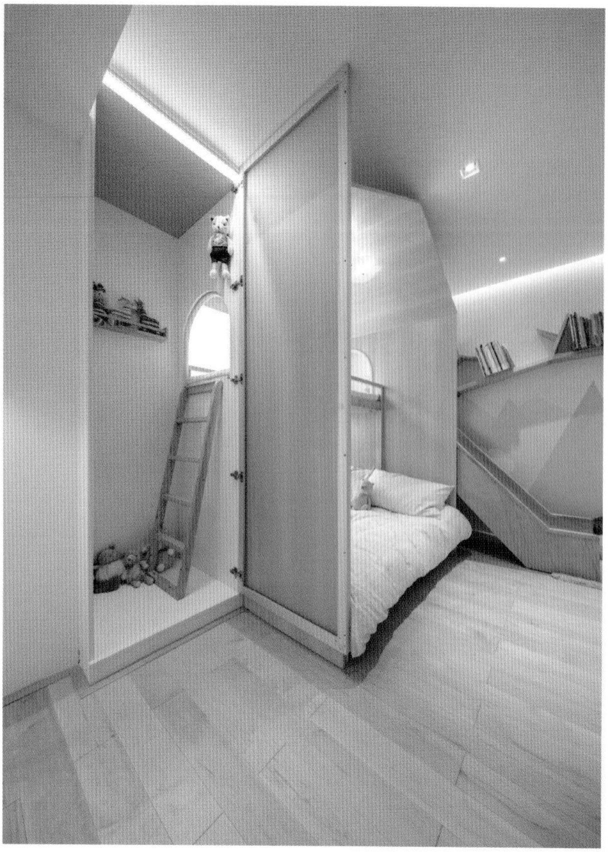

多子家庭空间设计的特殊性

1. 有儿童的空间，设计的第一要求必须是安全。这个家中所有墙角都被磨成了圆角，卫生间地面使用了摩擦系数为 9 的地砖避免滑倒（一般家用地砖的摩擦系数是 1~2）。其他地方使用经过防滑防抓痕处理的实木地板，减少孩子滑倒的概率，防止宠物狗的破坏。家具装上了防撞的保护条，面板使用环保等级最高的材料，涂料也使用儿童水性漆。

2. 拉门展开后，主卧会成为客厅的一部分，便于家长看护孩子。

3. 小婴儿需要的是父母的关注和照料，并不需要私密性。业主考虑 5 年之后再次装修，房子会随着孩子们一起成长。

4. 有儿童的家庭需要更多设计上的细节。比如，为了放儿童雨靴，设计师把家里鞋柜最下一格的材料换成了金属板，选用防夹手的门，卫生间不仅要有净水还要软水，内衣以及孩子衣物和大件衣物要分开洗。

5. 自由流动的空间因为中岛、沙发、童屋（床和滑滑梯的组合设计）而形成的 3 个社交区域让家长和孩子各取所需，分享同一个世界。

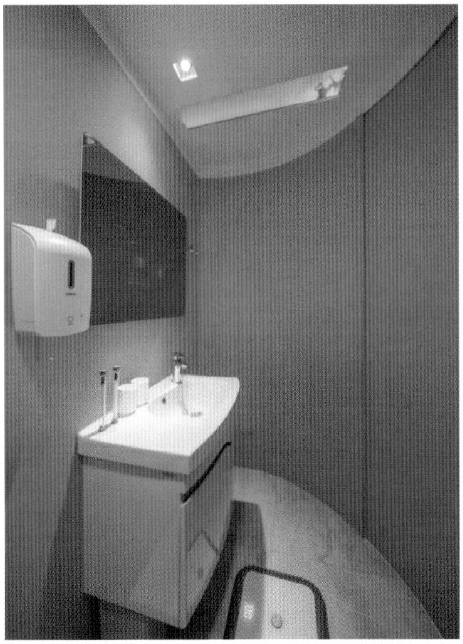

同时保证孩子的安全和隐私

基本信息

完成时间：2016年

地点：中国・香港特别行政区

设计公司：Bean Buro设计事务所

面积：138m²

格局：3室1厅

居住人：业主夫妇、业主的大女儿（3岁）、业主的小女儿（6个月）、保姆

主要材料：木制品

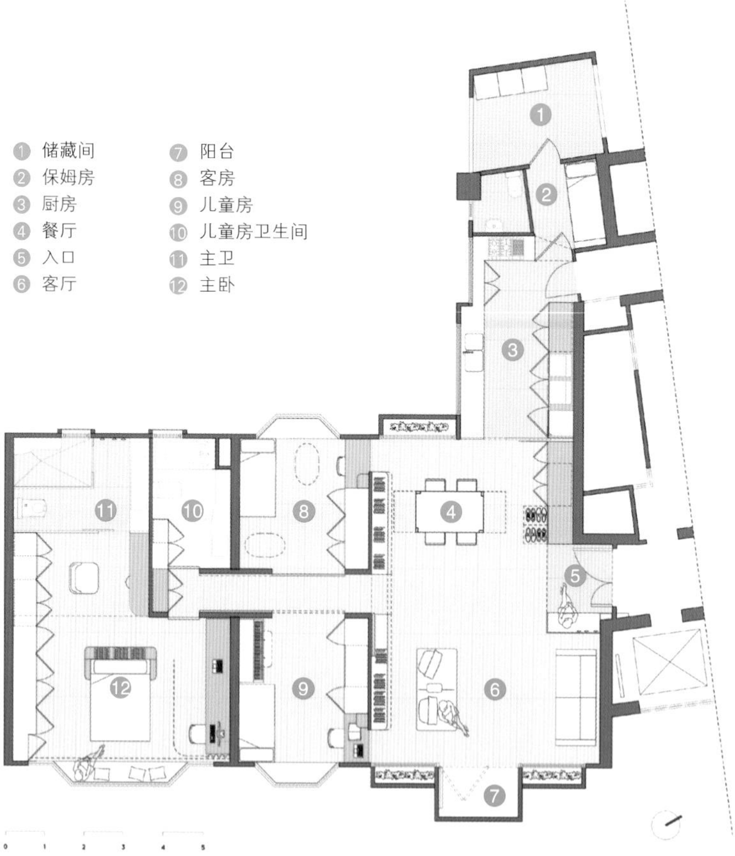

案例

03

The Family Meal

业主需求

· 家中有两个小朋友，业主希望儿童房的空间规划能重视实用性。

· 家里有大量衣物与鞋类，需要足够的收纳空间。

· 需要一个能用明火烹饪的厨房，同时能从厨房看到客厅的情况。

· 需要一个舒服整齐的阅读空间。

· 能将家庭成员互动的地方和私人领域划分清楚。

空间规划及设计

住宅的玄关采用了半封闭式的设计，标志着内和外之间的界限。玄关处有一个舒适的座椅，隐藏式的衣柜和墙上俏皮的挂钩能让业主收纳衣物，以及欣赏室内的设计。

室内以白色、暖灰色和浅木色为主。客厅的主要特点是有一个看似浮动的大型书架。客厅和厨房由一道长长的浅木高墙连接起来，木墙上装有隐藏式的储物柜、嵌入式家电和展示壁龛。客厅里的镜子和玻璃隔间有效地延伸了室外的海洋景观，也引入了自然光。客厅旁边还设计了一个灵活的儿童游戏区。

业主夫妇的主卧采用了柔和的色调和纺织面料，使房间充满宁静和舒适的感觉。房间里有一个以窗帘分隔的工作区。主卧连接的浴室使用了瓷砖、半透明隔层和一些设计别致的配件。

考虑到业主的两个孩子，设计师希望打造一个能鼓励他们探索的空间。孩子的房间和中央走廊共同形成了一个独立的空间，由两道大型木质推拉门与客厅分隔，同时也能引入更多自然光。设计师认为，儿童对空间的概念与成年人不同，他们喜欢俏皮地偷看其他空间，所以儿童房的两边分别设置了玻璃隔断，让孩子能瞥见客厅。更重要的是，父母也可以透过玻璃观察孩子，而玻璃隔断上方有卷帘，可以保护孩子的私稳。

衣柜的大面积凹格则能成为孩子们玩乐时的藏身点，满足孩子玩“躲猫猫”的乐趣。

家庭收纳规划

客厅与厨房之间由一道木墙连接起来，木墙提供大量隐藏式储物空间，可以用来收纳床单等物品。主卧为了保持整洁与舒适，储物空间与住宅内其他地方的设计一致，皆采用了隐藏式的设计及展示壁龛。

衣柜里的空间大致分为悬挂区（收纳羽绒服、外套和大衣）、折叠区（收纳T恤、针织衫和各类袜子）和抽屉区（可摆放小型玩具等）。

多子家庭空间设计的特殊性

1. 客厅门口有推拉门，把门关上能使走廊完全消失。当父母在客厅与客人聊天时，孩子们可以在房间继续玩耍或睡觉，家长可以通过玻璃隔断关注他们。

2. 业主大女儿的房间有一张可以调整高度的书桌，可以随着她的成长改变书桌的高度。

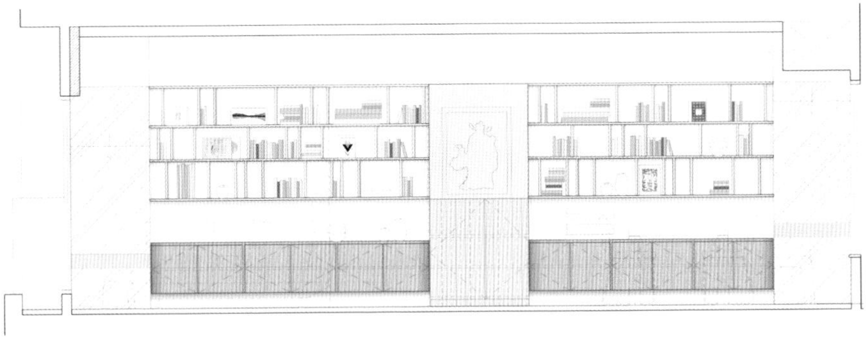

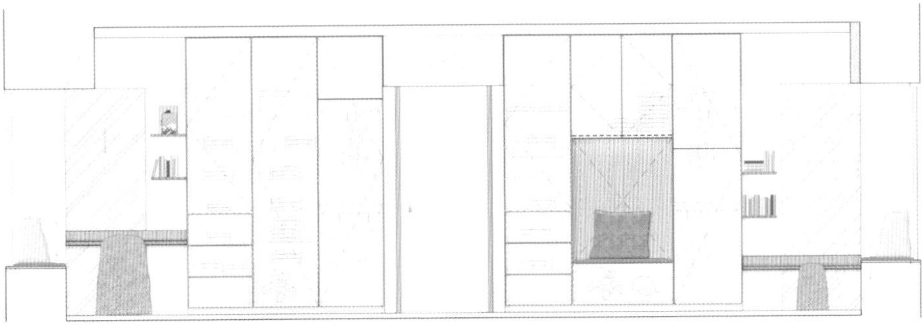

拆除实体墙，打造孩子的游乐场

基本信息

完成时间：2018年
地点：中国·高雄市
设计公司：好室设计（HAO Design）
面积：183m²
格局：3室4厅
居住人：业主夫妇、业主的大女儿（10岁）、业主的小女儿（4岁）
主要材料：板岩凿面石材砖、烟熏橡木实木皮、仿金属美耐板、编织铁网（玄关屏风）、桦木夹板、特殊涂料、香杉实木桌板

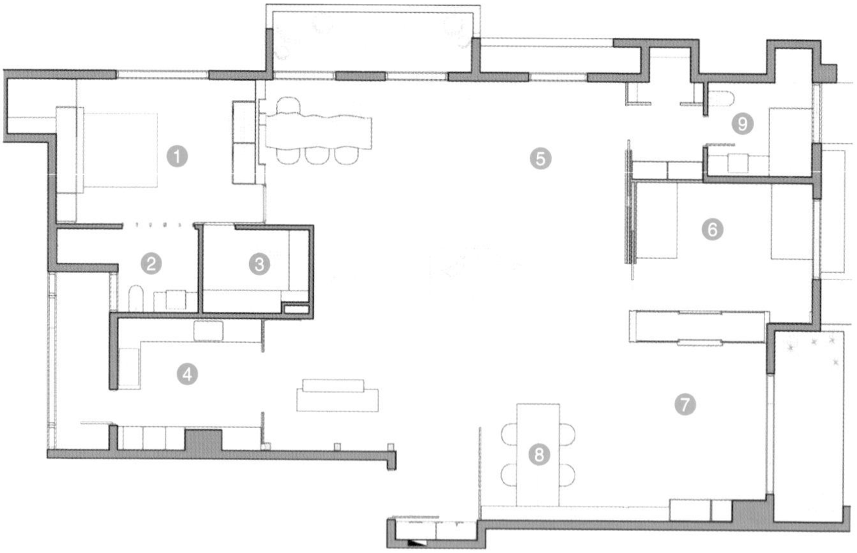

1 主卧
2 主卫
3 书房
4 厨房
5 客厅
6 儿童房
7 多功能区
8 餐厅
9 次卫

案例
04

业主需求

· 希望整体空间规划能让一家人多一点儿互动。

· 希望两个孩子有足够的游乐空间。

· 男主人喜欢素朴禅风，女主人心仪北欧简洁风格，再加上孩子需要的童趣，业主希望三种截然不同的设计风格能在一个空间共存，并在视觉上达到平衡。

空间规划及设计

多功能的公共空间采用推拉门，可以使空间更有弹性。里面的卧榻平时可供家庭成员席地而坐，也为大人提供了一个陪孩子们玩耍、阅读的空间。拉上门后，多功能房便有了私密性，可以当作客房使用。多功能房与儿童房之间不用实体墙分隔，而是增加了一个大衣柜，搭配粉色圆形洞口柜门及滑轨设计，不同造型的柜门可以上下对换，从而自由调整房间进出口位置，让衣柜成为时而封闭、时而通透的鸟瞰平台，搭配天花板的单杠拉手，让孩子享受“躲猫猫”的乐趣。

客厅和儿童房之间是 4 片拉门，拉门上使用了粉色壁纸和富有质朴纹理的特殊涂料。不同的开关组合与水泥实体墙错落搭配出 3 种“空间表情”。客厅内精挑的手作工艺家具使空间兼具雅致与质感。

家庭收纳规划

书房的书架墙用来收纳一家人的书籍，书架特别设计成山形，在减轻大梁体量感的同时也为这个家创造了温馨的氛围。儿童房滑动灵活的柜门和可自由改造的衣柜为孩子增添了收纳的乐趣。

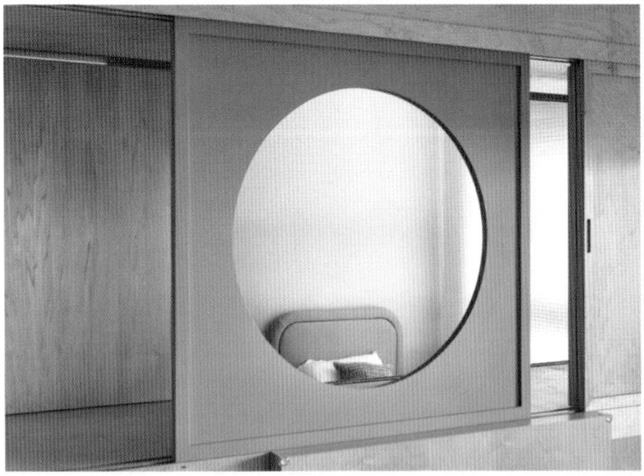

多子家庭空间设计的特殊性

1. 家中有两个小朋友，业主的大女儿活泼好动，小女儿文静浪漫，家里需要更多充满童趣的元素，让孩子们尽情玩耍。

2. 一个多功能的公共区是孩子们的游乐场，也为家人创造了更多的互动机会。

功能空间兼具存储功能

基本信息

完成时间：2018年
地点：日本·滋贺县
面积：155m²
设计公司：Alts design office
居住人：业主夫妇、业主的大女儿（6岁）、业主的二女儿（4岁）、业主的小女儿（2岁）
主要材料：木材
最终费用：137万元

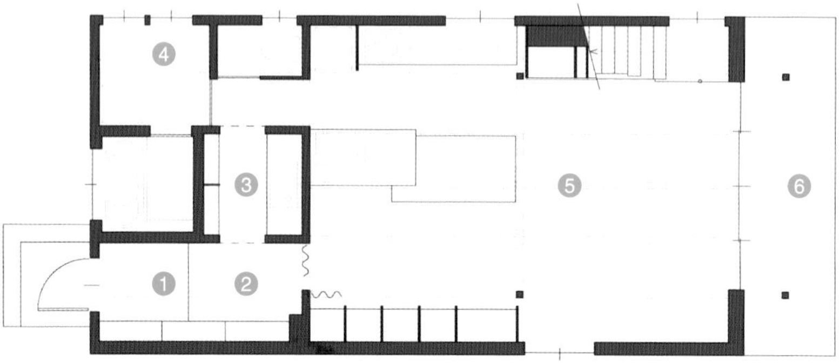

一层平面图

1. 入口
2. 门厅
3. 卫生间
4. 衣帽间
5. LDK（客厅、餐厅、厨房）
6. 阳台

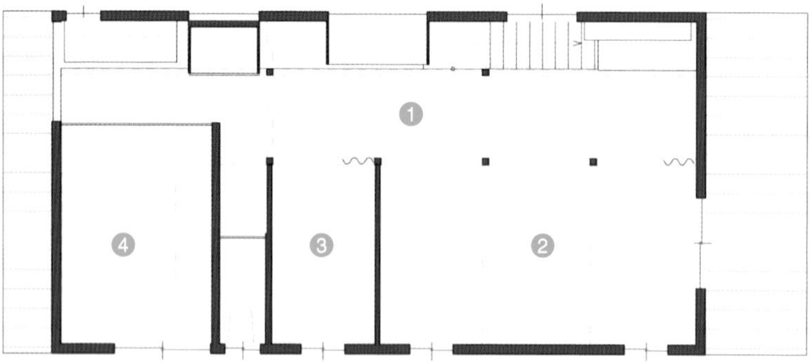

二层平面图

1. 门厅
2. 儿童房
3. 步入式衣帽间
4. 主卧

案例

05

VIVASPORTS
ACADEMY

业主需求

· 业主需要一个宽敞的客厅。

· 要有一个空间存放三个孩子的物品。

空间规划及设计

这个公寓位于城区内，地理位置优越，但是住5个人还是有些局促。

设计团队希望为家庭成员打造一个宽敞的客厅，让他们开心、舒适地生活。同时，三个孩子的物品会随着他们的成长而增多，所以要预留出一个空间存放他们的物品。

经过设计团队的改造，住宅内变得充满生气，每个地方都能观察到孩子们的活动，孩子们也有了更多的游戏空间。

随着孩子们的成长，二楼在未来可以重新分区。

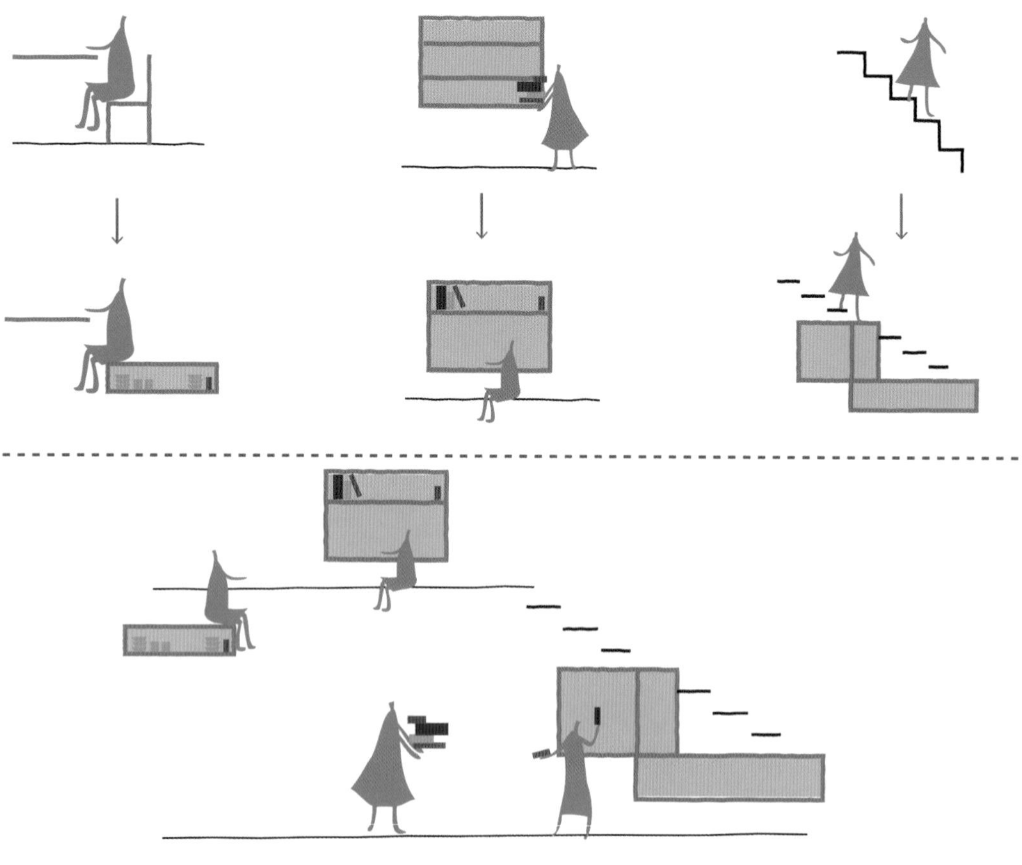

家庭收纳规划

设计团队设计了壁橱、储藏室和大型衣橱作为存储空间，但在有限的空间内打造过多的存储空间会占用客厅等生活空间的面积，所以设计师把室内空间的一些元素也赋予了存储功能，如楼梯可以当作存储空间，书桌和椅子也可以用来存放物品。收纳成了日常生活的一部分，存储空间、功能空间和生活空间松散地联系起来，空间变得更丰富多样。并且每一个家庭成员都有独立的存储空间，家里也更加整洁有序。

多子家庭空间设计的特殊性

经过改造，孩子们的活动范围变得更大。目前，孩子们与父母同睡，但在未来，卧室将变成一个多功能空间，通过分区创造每个孩子的独立房间。

利用层高，为儿童创造更多空间

基本信息

完成时间：2018年
位置：中国·北京市
设计公司：大观建筑设计咨询公司
面积：$80m^2$
居住人：业主夫妇、业主的双胞胎女儿、女业主的母亲
主要材料：木饰面、地胶
最终费用：47万元

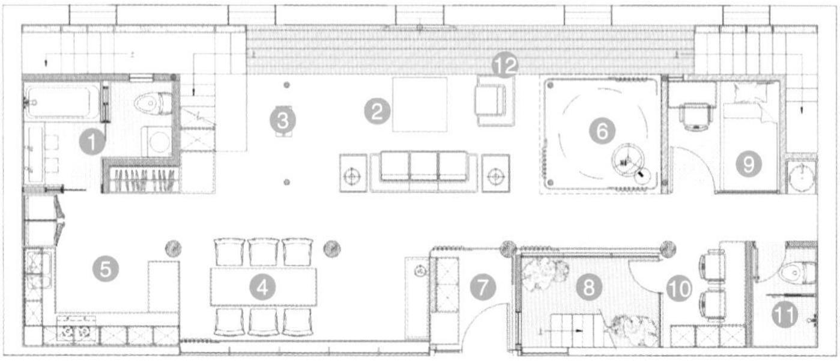

一层平面图

① 卫生间
② 客厅
③ 秋千
④ 餐厅
⑤ 开放式厨房
⑥ 游戏、摄影区
⑦ 玄关
⑧ 室外花园
⑨ 姥姥房
⑩ 书房
⑪ 淋浴
⑫ 跑道

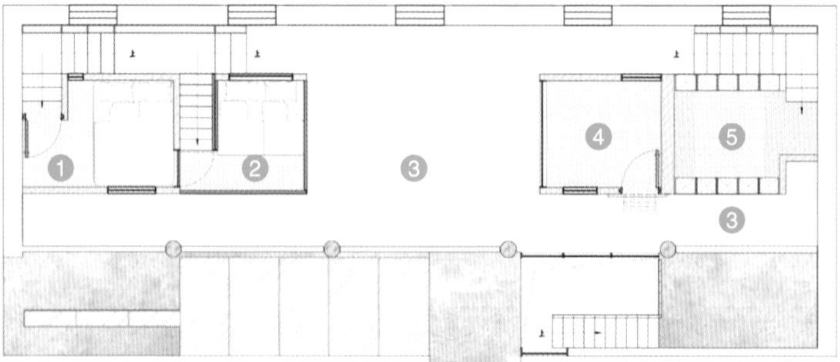

二层平面图

① 主卧
② 儿童房
③ 挑空区
④ 储藏间（备用客房）
⑤ 衣帽间

案例
06

业主需求

· 父母和儿童的卧室分开。

· 双胞胎姐妹有儿童游乐房。

· 有独立的卫浴。

· 有小型摄影棚、衣帽间、室内庭院及休憩天台。

空间规划及设计

设计师对家里的各个空间进行了动静划分和功能整合。业主夫妇、儿童和老人都有各自的工作、学习和休憩娱乐区。正房中间用客厅作为分隔，一层两侧尽端配备独立卫浴，南侧玻璃柱廊依次排列着厨房、餐厅、玄关、室外庭院和书房。

书房同时也配有超大的储物柜，可以容纳全家人的书籍。

北侧交通空间为双胞胎姐妹——大小九提供了嬉闹的跑道，跑道使用了防滑减震效果更好的运动地胶，比较有弹性，给好动的儿童提供了充足的活动空间，让孩子在家里也有游乐场的感觉，红黄两种颜色也调节了房间的色彩。跑道两端是暗藏橱柜的楼梯，楼梯通往主人卧室和儿童卧室。室内还有隐藏的秋千，增加空间的趣味性，不用时可以取下放入储藏柜。

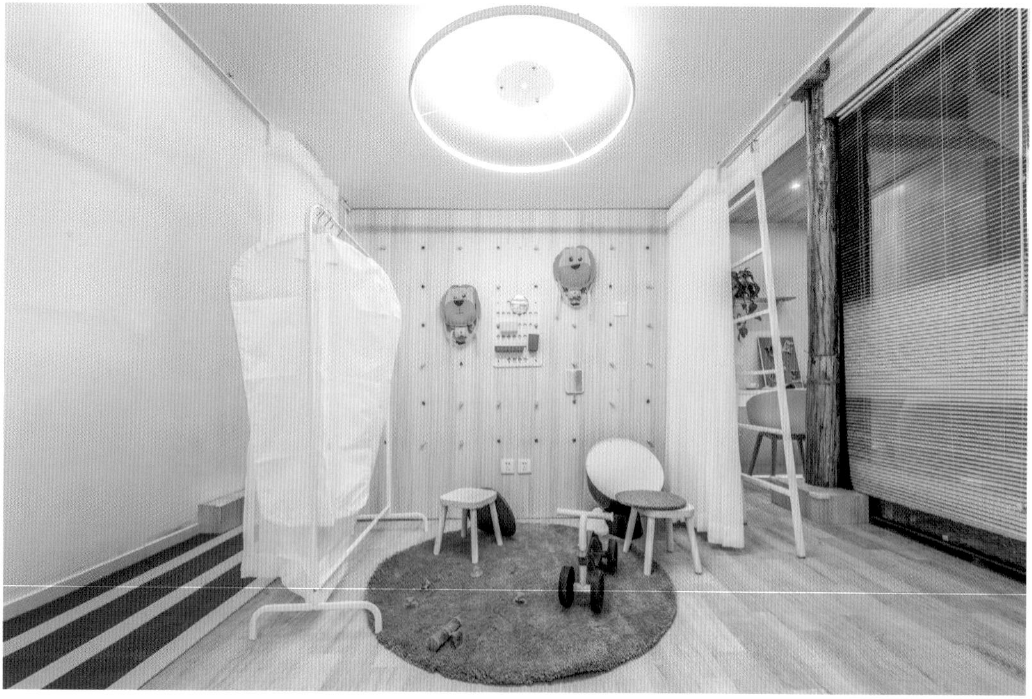

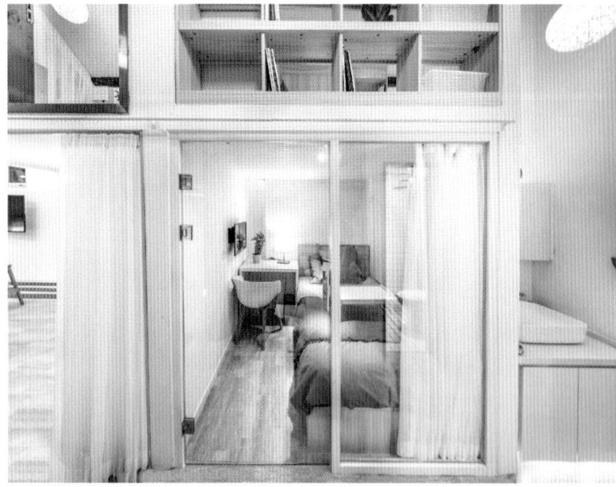

设计利用了屋顶的高度，在客厅两侧挑空位置增加了夹层，当作儿童活动室并兼做女主人的摄影棚，多功能使用，高效利用空间。父母卧房和儿童卧室居西侧，方便看护孩子。加建的儿童卧室在屋顶开了天窗，孩子可以早上伴着晨曦苏醒，晚上数着星星入眠。

家庭收纳规划

楼梯下方是集成储物柜，超大的容量可以满足一家人的储物需求，也解决了楼梯下方空间的利用问题。楼梯梯段也都设置了抽屉式储物柜，可以储存一些儿童用品，也可以增加空间的趣味性。台阶一侧的绿植花池增加了空间的清新自然之感。

多子家庭空间设计的特殊性

有些户型虽然看似功能齐全，但是对有多个儿童的家庭来说，使用起来并不方便，如动线混乱、储物空间不足、儿童活动空间也不充足等问题。这个家的改造首先保证了动线的合理，并且利用建筑层高的优势，做局部二层的设计，使一楼可以给儿童留出更多的活动空间。设计中也预留了一个备用的房间，为两个孩子长大后分房居住做准备。

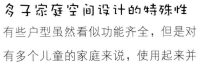

两个男孩和家居空间一起成长

基本信息

完成时间：2016 年
地点：中国・桃园市
设计公司：而沃设计
主创设计师：陈冠廷
面积：$122m^2$
格局：4 室 2 厅
居住人：业主夫妇、业主的大儿子（7 岁）、业主的小儿子（5 岁）
主要材料：橡木、铁件、条纹玻璃、硅藻土、黑板漆、超耐磨地板
最终费用：50 万元

1. 游戏区
2. 餐厅
3. 次卫
4. 更衣室
5. 儿童房
6. 厨房
7. 主卧
8. 阳台
9. 主卫
10. 客厅

案例

07

业主需求

· 为两位好动的小男孩保留宽阔的开放空间。

· 空间规划上考虑到未来变动的可能性。现阶段，兄弟俩一起学习、一起游戏，儿童房仅需一间，方便父母照顾。孩子们长大后，需要独立的卧室。

· 男主人重视空间的采光，女主人重视空间休闲氛围与质感。

空间规划及设计

设计师将空间进行了重新安排，原空间中的餐厅区规划为游戏区，餐厅则挪至客厅与书房间的落地窗前。调动后，餐厅的位置拥有良好的自然采光与窗景，而紧邻书房的餐桌，也可以是书房的延伸，大桌面更适合亲子互动，是学龄阶段的孩子阅读和创作的地方。儿童房外面的游戏区则是属孩子们专属的待客区，预留出的空间可将墙边收纳柜里的珍藏一一展示出来，并开发出不同的玩法。

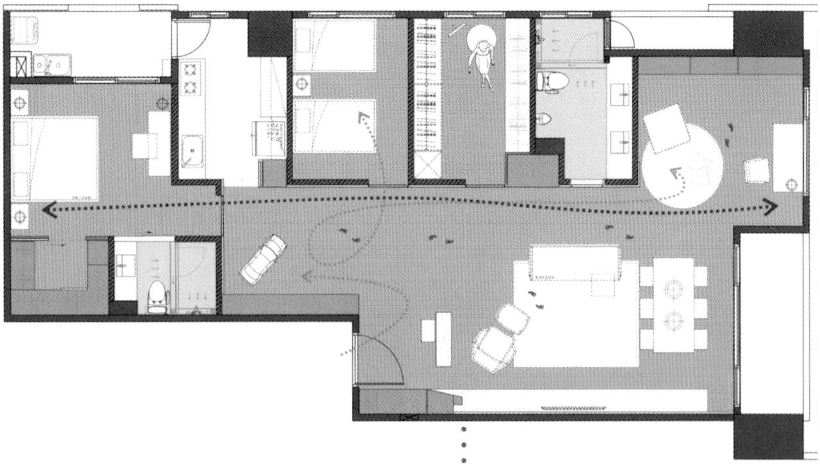

这个家的空间布局以孩子的需求以及家庭互动为主轴，大量预留的空间任由孩子们发挥创造力，横向约17m的距离可供孩子们自在地奔跑。

儿童房和更衣室：儿童空间现阶段规划为一个卧室和一个更衣室，考虑到未来空间需求的变化，更衣室柜体采用活动定制柜，未来分散于两个房间中，使两个男孩各有独立的空间
客厅的大型收纳柜位于开放空间的中央，可收纳大量家庭中的备用品，如家电、球类等
书房的书柜
主卧的更衣室
游戏区的玩具收纳柜，未来根据家庭需求，这里可调整为餐厅区，收纳柜即改为餐厅边柜
玄关的鞋柜、衣帽柜、展示隔屏
电视墙边的餐桌边柜

多子家庭空间设计的特殊性

1. 有两个男孩的居住空间，小便斗的设置是必要的。考虑使用的便利性，在客浴规划双面盆，可供两个男孩一起使用，节省上学时出门的时间。

2. 主卧设置一张书桌，这是父母在家中临时工作时的安静区域。

能让三个孩子自由奔跑的家

案例

08

基本信息

完成时间：2017年

地点：中国·桃园市

设计公司：构筑设计

主创设计师：林建华

面积：313.5m^2

居住人：业主夫妇、业主的大女儿（7岁）、业主的二女儿（6岁）、业主的小儿子（4岁）、男业主的父母

主要材料：RC造、STO外墙涂料、抿石子、乳胶漆、超耐磨地板、石英砖、铁件、玻璃

最终费用：326万元

一层平面图

业主需求

・这个家是三代同堂，业主希望老、中、幼三代人能在这里和谐共处，主人和孩子又有必要的隐私空间。

・空间开放且无障碍，希望能让高龄者和小朋友共享安全、自由的生活环境。

・要有庭院，用来满足家庭成员的室外活动，并且庭院要有良好的采光与通风。

・在预算合理的条件下选择恰当的建材与工艺。

・规划设计时必须考虑到未来周围可能兴建建筑物所产生的影响，并以适当的解决方案面对都市环境的变迁。

・在满足上述需求的前提下，对居家收纳做完善的考虑与规划。

空间规划及设计

这个独栋住宅的基地坐北朝南，两旁现为出租停车场，未来可能兴建私人住宅。一层的规划重点考虑了孩子与爷爷、奶奶的互动，LDK（客厅＋餐厅＋厨房）在住宅中扮演核心角色，以及对中庭、内庭还有后院等开放空间的利用。生长在都市中的孩子能否迈开步伐奔跑，能否跨出室内的人造环境自由地探索周遭，在长辈们安心的前提下开怀玩耍？所以，一层以一个开放的中庭为核心，中庭不但为孩子提供了一个户外活动的空间，其他各个房间还能借此有视觉上的联系，孩子们可以自在地在各角落活动，长辈们可以在打理家务的同时安心地照看孩子。

二层平面图

二楼的规划侧重于核心家庭（夫妻与未婚子女两代人组成的家庭）成员之间在下班和放学之后的互动，一个被大面采光玻璃砖与楼梯环绕的内庭是亲子休闲的第二起居空间。内庭连接了学习、工作空间，楼梯和通往女儿房的廊道，而主卧的窗边榻透过中庭与学习工作的阳台相对，女主人可以边做家务边留意孩子。孩子完成功课之后，可以滑一小段原木滑梯（旁边的梯阶兼具收纳功能）来到内庭，在温暖的阳光与清新的空气中休息（内庭在建筑中也承担通风井的功能）。

业主的两个女儿目前还可以共享睡眠与生活空间，但在设计上也考虑到了两人长大后一个大房间要分隔成两个单人房，如房间里的电源、收纳空间等都是弹性的。

三楼是业主儿子的房间与视厅室，视听室兼具多种功能，未来孩子长大后也可以当作他们的社交空间。

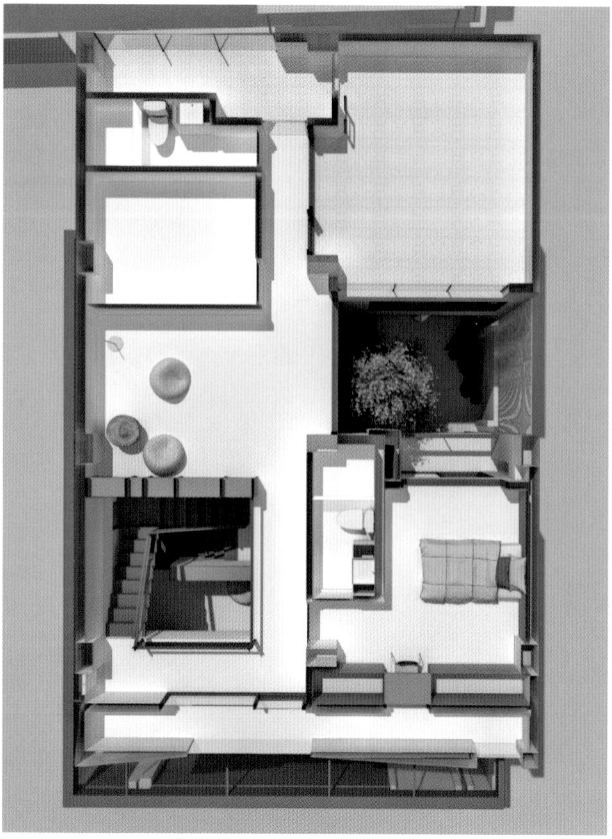

三层平面图

家庭收纳规划

一楼客厅沙发旁的架高空间可以收纳备品与玩具，沙发旁边楼梯下的收纳柜可以收纳扫除家电。二楼第二起居室滑梯旁边的阶梯收纳柜和二楼廊道上的开放柜用来放孩子们的玩具和童书，二楼书房的综合柜用来收纳大人的书籍、文具，二楼主卧的窗边榻与抽屉柜提供备品与换季衣物的收纳空间。每个房间的衣柜与主卧更衣室上层皆有棉被、换季衣物的储放空间。

多子家庭空间设计的特殊性

孩子们的年龄差在1～2岁，这个住宅提供了一个能让孩子们感受到平等且能陪伴他们成长的空间。男孩房和女孩房的墙面根据孩子们的偏好处理，让孩子更有归属感。其余空间在材质与色调上都比较中性，以配合建筑良好的采光条件，满足业主追求舒适、无压力的家居生活的需求。

一个二胎家庭对学区房的思考

基本信息

完成时间：2018年
地点：中国·杭州市
设计公司：普利策设计
主创设计师：梁穗明
面积：$70m^2$
原始格局：3室1厅1卫
改造后格局：3室1厅2卫
居住人：业主夫妇、业主的大儿子（7岁）、业主的小女儿（2岁半）、男业主的父母
主要材料：乳胶漆、木材、烤漆板、玻璃
最终费用：36.3万元（硬装19.2万元，软装5.4万元，家电3.7万元，人工费8万元）

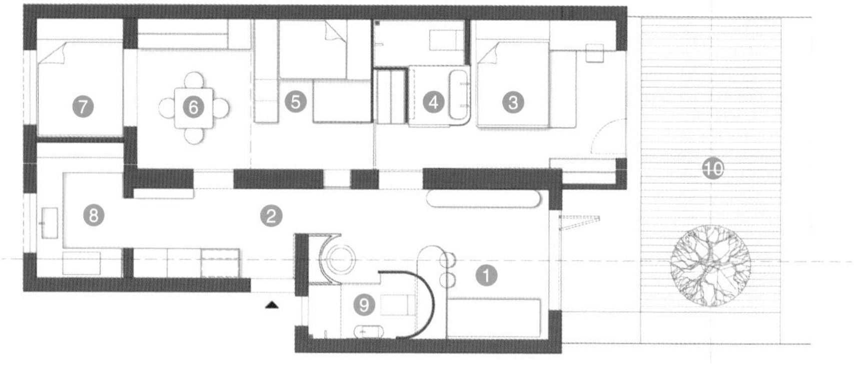

① 客厅
② 玄关
③ 主卧
④ 主卫
⑤ 儿童房
⑥ 茶室
⑦ 老人房
⑧ 厨房
⑨ 客卫
⑩ 庭院

家不是一个场所，而是承载着“生”和“活”的容器。“生”寓意我们在此生长，“活”寓意活出精彩人生。家是属于自己的，是与人一起持续成长的。

案例
09

DREAM HOME

业主需求

·家中有两个小朋友，希望空间规划能重视孩子的安全。

·将公、私领域划分清楚，并且规划独立的化妆室。

·有 3 ~ 4 个房间、2 个洗手间。

·不要有太多石材。

·业主有大量衣物与鞋类，需要足够的收纳空间。

空间规划及设计

这是一个“老小破”的学区房，设计师从宜居的角度出发，用空间分割法，将原本阴暗潮湿的“老小破”打造为有利于孩子成长的未来之家。

承重墙把住宅分为动、静两个分区，动区包括玄关、客厅、厨房和客卫，静区包括主人房、儿童房、老人房和主卫。

入口玄关位置设计拉移门，保护居室隐私，增加空间使用效能。原客厅的茶水间设置到玄关位置——面对厨房右边的柜子。

厨房被设计成U形，操作仅需要一个转身，可同时容纳3个人，瓶瓶罐罐也有特定的放置空间。

客卫由原来的方形变成了弧形，缓解了空间的拥堵感，强化艺术效果。卫生间的洗手盆放在了外面，孩子可以在回到家后洗手，用餐前洗手，做作业和绘画后洗手。

ARTS

ANATOMY
WRITE IT DOWN
LET IT GO
ARTS

客厅融合了餐厅、图书馆、做作业场地等多个功能。借用了原来卫生间的部分空间，增添一个餐桌，餐桌拉出后和沙发平行，可供8个人同时用餐。餐桌同时也是工作桌，和角落的书架一起营造了图书馆的氛围。客厅天花板中心位置做了圆形光膜，作为客厅的主光源，保证客厅的光照均匀，没有光斑、高强光或暗区，可以保护孩子的视力。光膜天花板设置在房子的中轴线上，即位于客厅和卫生间之间，补充了中部的光线。

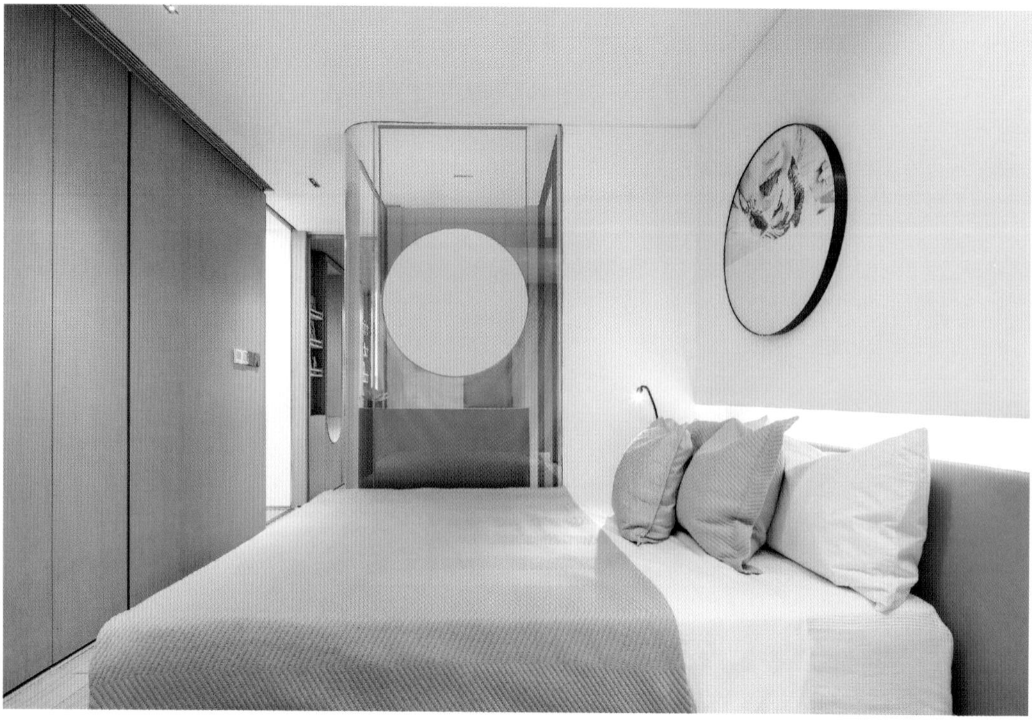

主人房原来的卫生间墙体被拆除，改成了玻璃材质的隔断，使主卧在视觉上更大，同时保证卫生间有光线进入。

儿童房和老人房在一个区域，儿童房现在是高低床的设计，节约空间的同时也可培养孩子间的亲密感。下铺未来可以调整成学习区，供一个孩子独立使用。老人打算在孩子们长大后回老家养老，所以未来这个区域计划分成两个独立的空间给孩子使用。儿童房与老人房之间是茶室，同时也是平日小朋友学习和绘画的场所。儿童房与老人房用隔断木门间隔开来，方便老人家关注小朋友的同时也有独立空间。

家庭收纳规划

整个空间共设计了 $17m^3$ 的收纳柜。

玄关柜收纳体积为 $1.98m^3$，可同时收纳 70 双鞋子、1 台婴儿推车、雨具、冰箱等。客厅电视柜收纳体积达 $0.15m^3$，主要用于收纳一些家庭杂物，如遥控器、使用说明、家庭备用药箱等。客厅书柜收纳体积达 $1.14m^3$，可同时收纳 300 多本书，充分满足家庭阅读的需要。客厅圆柜收纳体积达 $0.16m^3$，时钟 + 收纳两种功能相互结合，可收纳一些不常用的小器具。橱柜收纳体积达 $3.1m^3$，垃圾分类回收柜收纳体积达 $0.3m^3$，内含 3 个垃圾分类箱，集中家里准备丢弃的物品进行处置。

主人房定制的床和床头框架及床靠背的藏光灯带都使得房间整体线条流畅、简洁、有力，床头柜与梳妆台相连。床的底部是大量的储存空间。主卧衣柜收纳体积达 $1.28m^3$，男女分区，可收纳当季衣物。主卧抽拉柜收纳体积达 $1.35m^3$，底面安装了定向转轮使两个柜子可以同时隐藏在小型收纳间中，用来收纳不常用的季节性用品、非当季衣物等。主卫收纳柜收纳体积达 $0.36m^3$，可

收纳常用的洗脸盆、洗漱用具、洗手液以及清洁道具。

儿童房的柜子收纳体积达 0.1m³，可收纳书籍、画像等，亦可称为小朋友的展示柜，摆放奖杯、奖状等。儿童房充分利用悬挂的方式储物，可以让孩子自行收拾玩具和画笔等，另外也用较低的柜子和抽屉把物品分类，让孩子养成良好的收纳习惯。每个人都有对应的收纳格，柜体考虑了儿童的尺寸，儿童衣柜设置可下拉的挂衣杆，帮助小朋友日常拿取衣物。

老人房遵循藏露原则，将换季物品、不常用物品藏起来，液压电动翻盖的榻榻米提供了充分的收纳空间。位于茶室中的收纳柜，收纳体积达 0.17m³，能同时收纳儿童服装、老人服装、儿童玩具及一些季节性用品。

阳台洗衣机区收纳体积达 0.28m³，可容纳滚筒洗衣机 1 台，以及收纳洗漱器具、五金杂物、户外运动器材等。

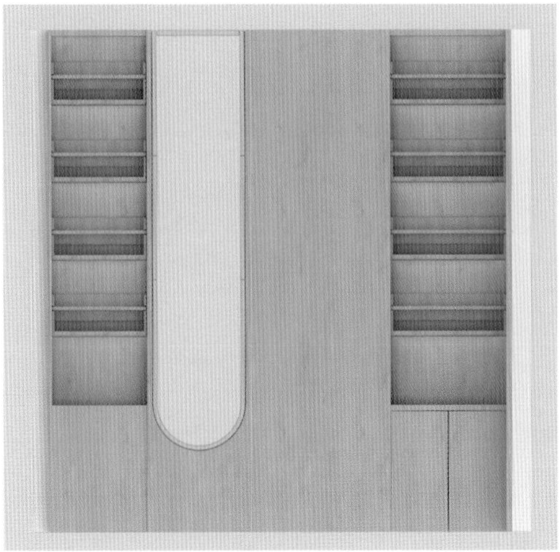

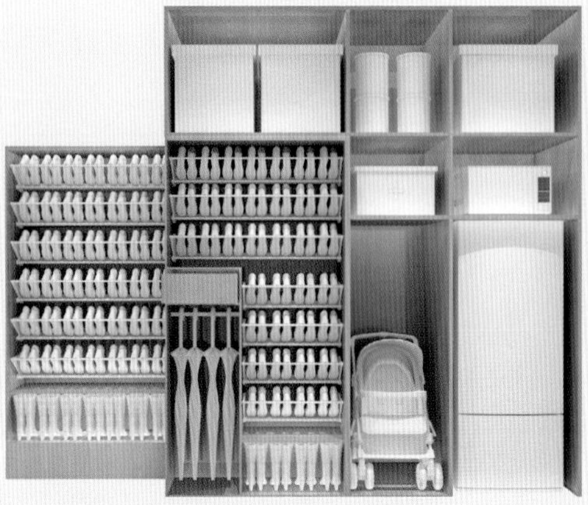

亲子家庭空间设计的特殊性

在这个住宅里不仅充满童趣，更多的是通过对环境的创造，让小朋友在安全的环境中学习和成长。

1. 客厅墙面上特设调光玻璃读书角，满足小朋友好奇心的同时，也形成了一个可以自由阅读的小天地。额外的采光也便于大人在客厅与孩子交流，了解孩子的活动情况。

2. 两个小朋友心智还不成熟，目前还需要父母的照顾，需协助他们形成自身的生活轨迹，儿童房书柜上的“洞口”是连接父母和孩子的窗口。

3. 儿童房上下床中的低层床是可上翻的形式，方便男孩后期搬离后有更多活动空间，同时也可作为客人的备用床。

4. 楼梯的扶手做了圆角设计，预防孩子发生不必要的危险。

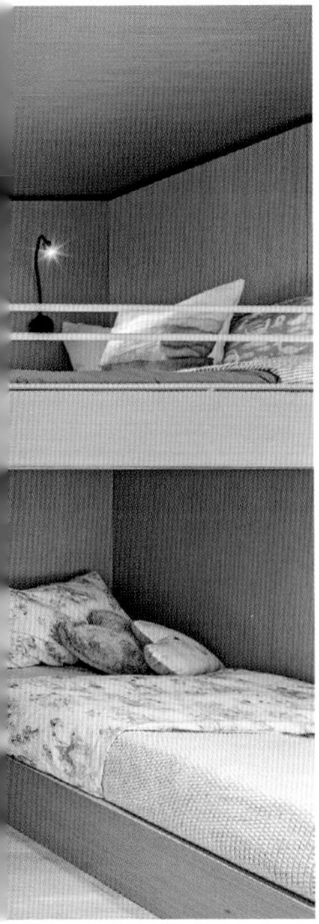

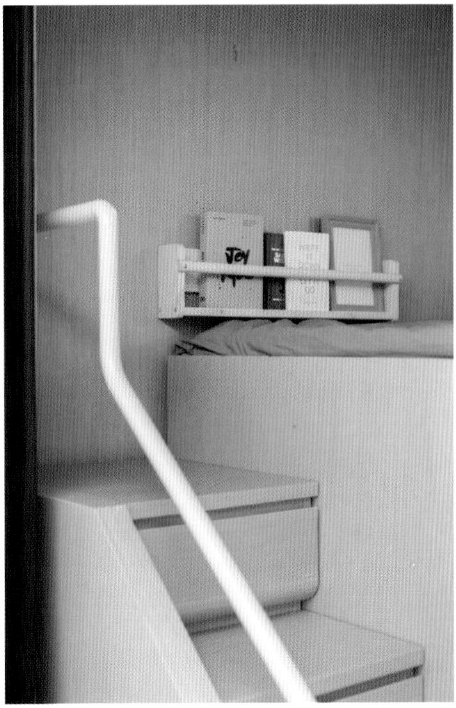

孩子的欢声笑语可以填满空旷的家

基本信息

完成时间：2019年

地点：中国·上海市

设计公司：立木设计研究室

主创设计师：刘津瑞、郭岚、冯琼

面积：180m²

格局：4室1厅

居住人：业主夫妇、业主的儿子（4岁）

主要材料：枫木饰面、木地板、防醛石膏板、软包、攀爬网、钢索

最终费用：30万元

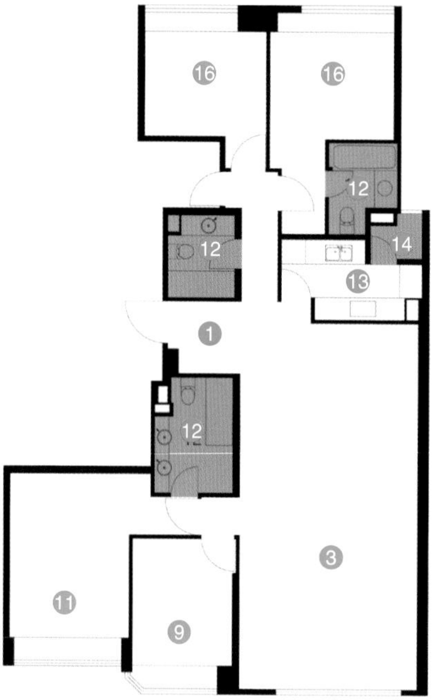

改造前

改造后

① 玄关	⑨ 儿童房
② 西厨 + 吧台	⑩ 衣帽间
③ 客厅	⑪ 主卧
④ 滑梯	⑫ 卫生间
⑤ 榻榻米	⑬ 中厨
⑥ 海洋球池	⑭ 生活阳台
⑦ 攀爬网	⑮ 储藏室
⑧ 猫猫洞	⑯ 次卧

案例

10

业主需求

・业主夫妇期望未来能有两个孩子，这里应该是孩子自由活动的天地。

・希望家里有家乡桂林的山水形神。

空间规划及设计

这个房子原本是1套4室1厅的精装交付公寓，巨大的客厅是建筑设计诗意的留白，厅大而房小，室内显得有些冷清。

设计首先要打破的是50m^{2}大客厅带来的距离感。于是设计师用1面6m长的“墙”在客厅里画了座“山”：“山”上有平台和阶梯，“山”下有洞穴和球海，“山”前有延展的吧台和呼啸的滑梯，“山”后还有躲躲藏藏的猫猫洞和望天的吊桥。在这座只有20m^{2}的山上，5个形态各异的洞口描摹着山水的形神，当“翻山越岭、爬树钻洞”成为每天的常态，原先空旷的客厅被孩子的欢声笑语填满。

客厅的“墙”上除了形态各异的洞口，还有一道集合了楼梯和滑梯的弧线，这也是特意引入的环绕式路径：爬上楼梯，滑下滑梯，在海洋球池中嬉戏，从沙发后的洞口钻出来或跑回楼梯再来一组运动。“墙”虽有趣，但单一的路径也难免使人疲倦，于是设计师在墙上架起一座玻璃和绳网的桥，这为爬上楼梯后的活动增加了可能——除了滑下滑梯，还能穿过廊桥，钻过洞口，像人猿泰山般滑下缆绳，再躲进猫猫洞里睡上一觉。

“墙”不仅弥补了客厅空间上的疏离感，还解决了超大空间里隐私缺失的尴尬。吧台、楼梯、台阶、滑梯、平台、廊桥、树洞、吊椅……这一系列微小的元素像是海绵里的空隙，容纳着整个家庭活动的无限可能。游戏时，“墙”是道具、是舞台；安静时，“墙”是怀抱、是港湾。

如果说客厅的改造是整套公寓的“题眼”，那么解决它之后，便摧枯拉朽，一马平川。剩余每个房间的“小修小补”靠的则是设身处地的体贴和无微不至的细腻。

不足 $5m^2$ 的儿童房一分为二，上面是睡眠区，下面是起居区，学习、玩耍、休息、生活，各种功能都可以满足。

从业主小时候在漓江踩水的回忆中获得灵感，设计师从桂林空运来石板与鹅卵石，使得卫生间里也平添了几分乡愁。

业主夫妇在软装阶段的深度参与使这个项目显得更为有趣，他们都受过优质的美术教育且从事时尚工作。照片记录的是这个家建成的瞬间，而这个家会在他们的双手下，变成一件真正的艺术品，被记录下来的除了他们的画作、展品，还有生活的痕迹。

家庭收纳规划

考虑身处时尚行业的业主夫妇有大量的物品需要收纳，设计师在原本并不宽敞的主卧中神奇地“变”出了两个独立衣帽间，又将一个卫生间改为了储藏室，为收纳预留了充足的空间。

巧改户型，55m²变身二宝家庭的成长乐园

基本信息

完成时间：2018年
地点：中国·广州市
设计公司：广州猫系屋企设计
主创设计师：龙其秋
面积：55m²
居住人：业主夫妇、业主的大儿子（7岁）、业主的小儿子（5岁）
主要用料：木纹砖、隔音降噪玻璃、宜家柜体

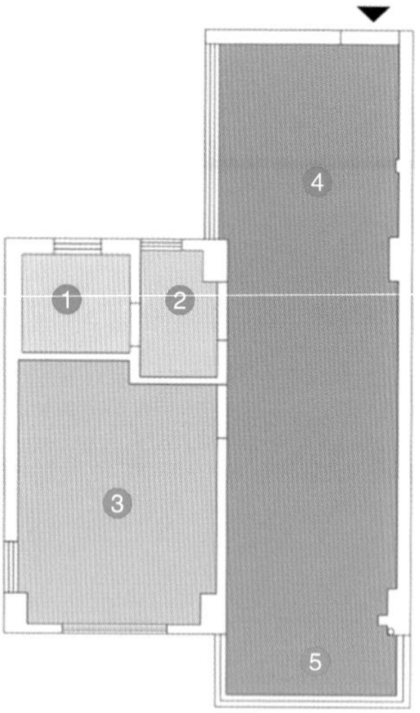

改造前平面图

1. 卫生间
2. 厨房
3. 卧室
4. 客／餐厅
5. 阳台

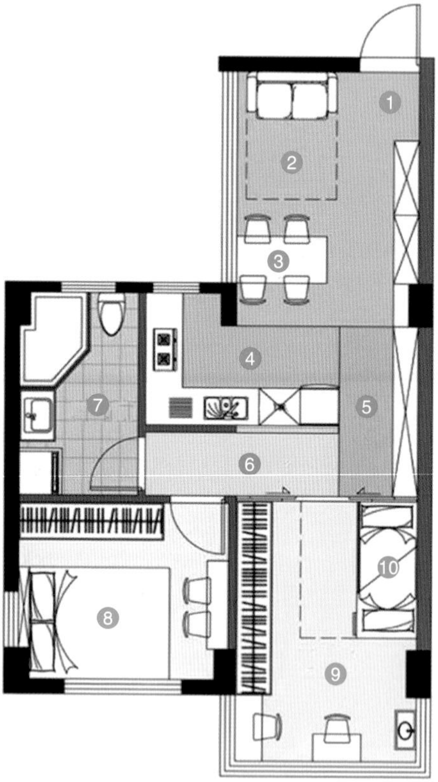

改造后平面图

1. 玄关
2. 懒人沙发
3. 餐厅
4. 厨房
5. 游戏区
6. 走廊
7. 卫生间
8. 主卧
9. 男孩房
10. 双层床

案例
11

业主需求

· 55m² 的小空间内要容纳一家四口，两个大人和两个小孩。

· 能满足两个孩子做手工和娱乐的需求。

· 两个孩子要有独立的收纳空间。

· 不让孩子看电视。

· 大人需要独立的阅读工作区。

· 要有宽敞的餐厨空间和储物空间。

空间规划与设计

房子原有格局无法间隔出两个独立房间，卫生间和厨房面积较小。设计师重新划分了功能空间，将原有卧室缩小，扩大卫生间和厨房，以满足4个人的洗漱和餐饮需求。同时将原来的阳台封闭，加上原客/餐厅的一部分划分出来，成为两个小男孩的起居、学习空间。原本的客/餐厅变成了餐厅和阅读区，取消了不常用的待客功能和业主不需要的电视区。

家庭收纳规划

进门处设计了高低错落的玄关柜，可以收纳鞋子，还提供了一个能坐着穿鞋的凳子。贴在墙上的穿衣镜既节省空间，又能拉升空间感。

“顶天立地”的定制柜将小朋友的用品收纳得一干二净，设计师又用不同的颜色将两个小朋友的储物空间划分开，这对培养小朋友的自理能力和责任心很有好处。

多子家庭空间设计的特殊性

1. 开放式厨房的设计让煮饭的过程变成了一家人的互动时间，对小朋友的教育也有好处。言传身教是最好的教育方式，孩子看到父母在厨房忙碌，也会主动帮忙，跟父母讲述今天学校里发生了什么有趣的事。

2. 原来的阳台是全家采光最好的位置，留给两个小朋友当作读书学习的空间再合适不过。

3. 如何解决早上家里 4 个人同时需要洗漱的问题? 设计师给出了一个大胆的设想: 在儿童房为两个小朋友增加独立的洗漱空间。这一设想只需 $0.5m^2$ 的空间和硬装阶段的水管铺设，小朋友也因此有了自己的洗漱空间，责任心倍增。

4. 小男孩天生好动，因此，儿童房门口的书柜区域变成了儿童房功能的延伸，两个孩子的玩具和图书摆放在这里，因为毗邻厨房，孩子可以一边游戏，一边和家长交流。

5. 走廊是为了划分新空间隔出来的，两侧的玻璃设计减少了狭窄空间的逼仄感，也成了小朋友游戏的天地。

让好设计培养孩子的收纳习惯

基本信息

完成时间：2018年
地点：中国·北京市
设计公司：北京七巧天工设计
主创设计师：王冰洁
面积：130m^2
改造前格局：2室1厅
改造后格局：3室1厅
居住人：业主夫妇、业主的女儿（3岁）、保姆
主要材料：定制木作、乳胶漆、文化砖

改前平面图

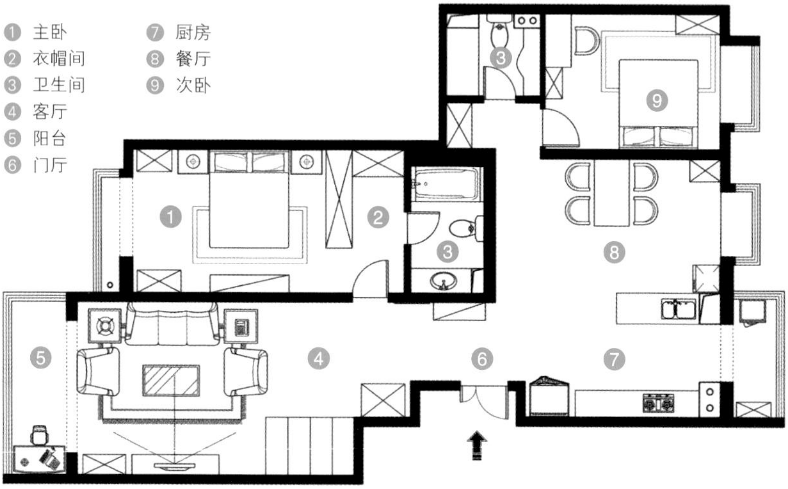

1. 主卧
2. 衣帽间
3. 卫生间
4. 客厅
5. 阳台
6. 门厅
7. 厨房
8. 餐厅
9. 次卧

改后平面图

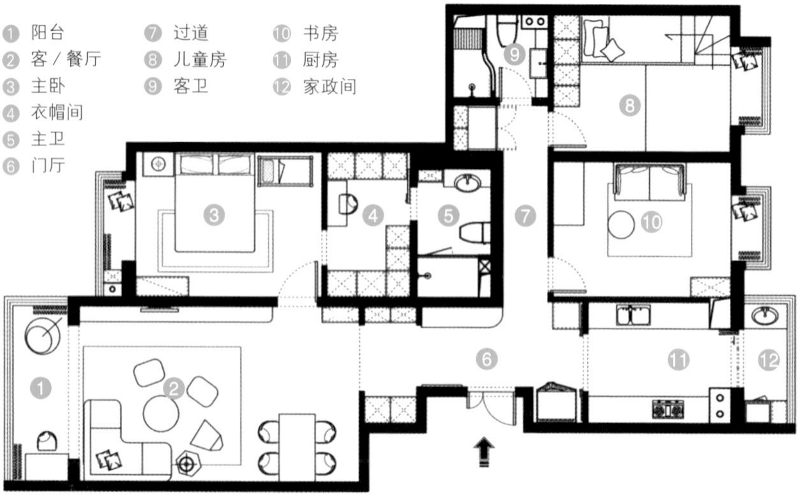

1. 阳台
2. 客／餐厅
3. 主卧
4. 衣帽间
5. 主卫
6. 门厅
7. 过道
8. 儿童房
9. 客卫
10. 书房
11. 厨房
12. 家政间

案例
12

A331 »Beehive«
Alvar Aalto
1953
artek
artek

业主需求

· 家要有可持续性。

·业主夫妇近期会生第二个宝宝，要满足 8 ～ 10 年后孩子对空间需求的变化。

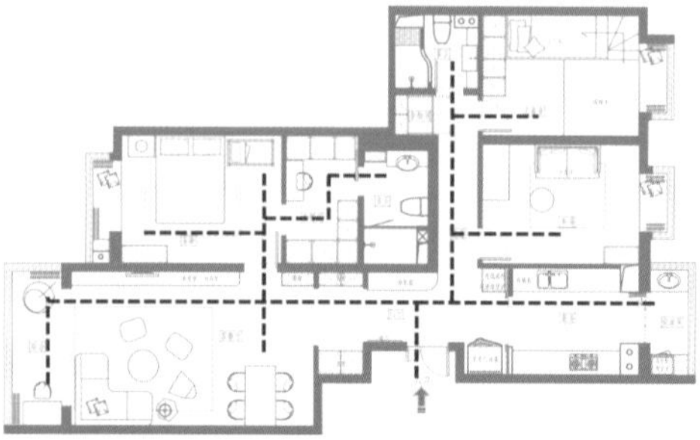

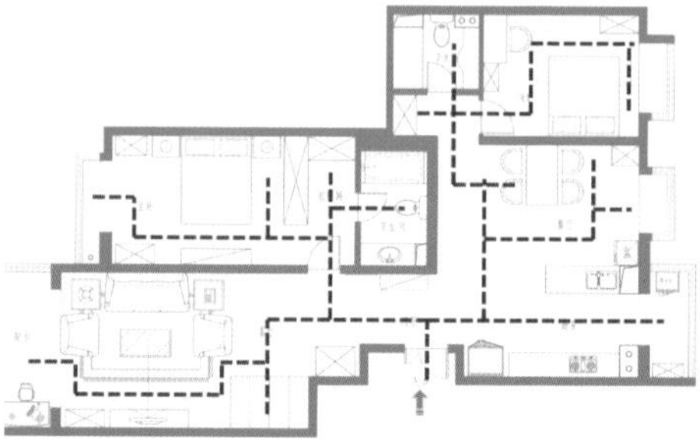

空间规划及设计

这个家的原始户型在一进门左侧通向客厅的位置有两个连续的拐角，无论在视觉上还是使用上都让人不是很舒服。对业主一家人来说，餐厨空间在整个居室里的面积占比相对来说过大，无效的走道空间过多，主卧套房虽大，利用率却不高，全屋面积不小，舒适性却不高，因此，设计师在平面方案上做了一些改动：在保证厨房和餐厅正常使用的前提下，增添了一个书房兼客卧，2 室变为 3 室，减少无效的走道空间；优化室内动线，减少过多的转角，为孩子活动提供更安全便捷的直线型空间；儿童房将飘窗台和地台相连，扩充了房间的有效使用面积。

客 / 餐厅以清雅的淡绿色和白色为基调，即使在阴雨天，室内也不会太过昏暗。电视背景墙上的小白砖打破油漆的单一性，丰富了客厅的墙面造型。同时搭配简约风的挂画，清爽的画作不会喧宾夺主，也与北欧风更为相符。餐厅墙面的装饰画出自北欧设计之父阿尔瓦·阿尔托（Alvar Aalto）之手，左边的是蜂箱灯，右边的是木圆椅，搭配细脚实木餐桌、UFO 形吊灯，浓郁的北欧格调跃然眼前。

阳台扩大了客厅的面积，一侧作为业主夫妇的办公区，另一侧是小朋友的游乐区，配备了高颜值的泡泡椅，增加了彼此的互动。跳脱出传统“客厅只是看电视的空间”的思维，希望这里更多的是父母和孩子一起玩耍、成长的空间。阳台的办公桌是升降式的，可随意调节的高度能适当缓解夫妇俩长期办公的不适感，而且随着小朋友长大，也可以依据她的身高调节桌面高度，从小培养良好的坐姿习惯。

主卧使用了纯白色点缀紫色和金色，加上柔美的羽毛灯，简约的落地式衣帽架，还有床头的月球图案，使卧室愈发优雅。

儿童房虽然只有 10m^2，却有多种变化方式。目前，业主家里只有一个孩子，但是需要考虑到第二个孩子降生的可能性，以及未来家里两个孩子的成长和生活需求上的变化。儿童房里的榻榻米除了储物之外，还解决了老人有时需要留宿的问题。

书房几何线条的地毯和明黄色的沙发充满了现代感，而且为了更有实用性，沙发选用了沙发床的款式。

在原始户型里，客卫的淋浴区长度有余而宽度不足，仅 700mm 的宽度不足以同时容纳一个大人和一个孩子，因此通过向浴室柜区借面积，扩大到了 900mm，并用软隔断帘解决了大人需要带着宝宝洗澡的问题。

浴室柜改为半嵌盆的做法，并不影响储物功能和舒适度。

厨房大面积的白色和灰色延续了整体风格的清冷基调，花砖的应用丰富了厨房里的色彩。使用频率较低的双开门冰箱、蒸箱和烤箱被安排在了厨房门外侧，为厨房增加了 2m^2 空间。

家庭收纳规划

原始户型的储物空间远远达不到业主的要求，因此设计上增加了很多储物空间。客 / 餐厅的电视柜依据小主人身高度身定做，深 350mm，高 350 ~ 400mm 的格子存储孩子的书籍、玩具以及收纳盒。

主卧门南移，增加主卧衣柜以及玄关的储物功能。高 400mm 的坐榻悬空设计，方便在下面存放日常穿的鞋子，换季的鞋子当下使用频率低，统一收纳在左侧入墙式的玄关柜里。墙面 5 个挂钩在秋冬季尤其实用，衣物和包都可以挂在上面，无须送到卧室，起到了简化动线的作用。中间的藤编筐可储存折叠雨伞、应急手电筒等小物件。

厨房的高柜宽 900mm，里面需要放电器，若依旧保持正面开门，口小且深的柜子使用起来略显不便，因此柜子被改成了侧开门，能储存零食、纸巾等小物件，现在是家里使用频率最高的柜子。

主卧配有步入式衣帽间，相较改造前的格局，衣帽间的储物空间多了 20%。衣柜内预留的灯带也很好地避免了柜内的背光问题。主卫浴室柜下方悬空，可以放置小朋友洗漱的小脸盆，而左侧的高柜则承担了大量的日常用品的存储功能。淋浴房一角原本难看的上下水管道，在瓷砖、水泥的作用下变成了壁龛，可以摆放一些洗浴用品。

儿童房也有强大的储物功能，除了衣柜和榻榻米外，上下床的床头还各自设计了一组开放格，可以摆放小朋友的玩具，下床箱也做成了带滑轮可抽拉的柜体，并且进门处也配备了衣柜。孩子再大些，还可以把下床箱挪走，换成下桌上床的模式。

改造前后储物情况对比

空间		改造前	改造后
门厅	鞋柜	15 ~ 20 双鞋	38 ~ 47 双鞋
	挂衣区	0.65m	1.2m+5 个墙面挂钩
	杂物区	0.6m × 1.7m 的柜子	0.6m × 1.5m 的柜子 +1.84 m 的展板
客 / 餐厅	电视柜	1.8m 矮柜 +1m 高柜	4.4m 长的半高柜（14 个大空格柜）
主卧	衣帽间	3.5m	4.8m+1m 梳妆台
主卫	浴室柜区	1.4m 浴室柜	1.1m 浴室柜 +0.9m 储物高柜 +1 组壁龛
厨房	台面	4.64m	5.5m+2m 家政间台面 +0.6m 电器高柜
儿童房	储物区	1m 宽高柜 +3.6m^2（床箱）	6m^2（榻榻米）+0.9m 宽衣柜 +2.2m 玩具柜
客卫	淋浴间	最宽尺寸 0.7m	最宽尺寸 0.9m，1 组壁龛
全屋	卧室	2 间	3 间

多子家庭空间设计的特殊性

1. 孩子玩耍后，散落一地的玩具、书籍总是让妈妈头痛不已。想要一劳永逸，不如培养孩子随手收纳的习惯，而养成习惯最便捷的方法就是把收纳柜放在孩子触手可及的地方。

2. 玄关坐榻圆弧形的拐角处理减少了孩子不必要的磕碰。

打破传统儿童房概念

基本信息

完成时间：2018年
地点：中国·北京市
设计公司：北京七巧天工设计
主创设计师：王冰洁
面积：124m²
格局：4室1厅
居住人：业主夫妇、业主的龙凤胎儿女（4岁）
主要材料：定制木作
最终费用：50万元

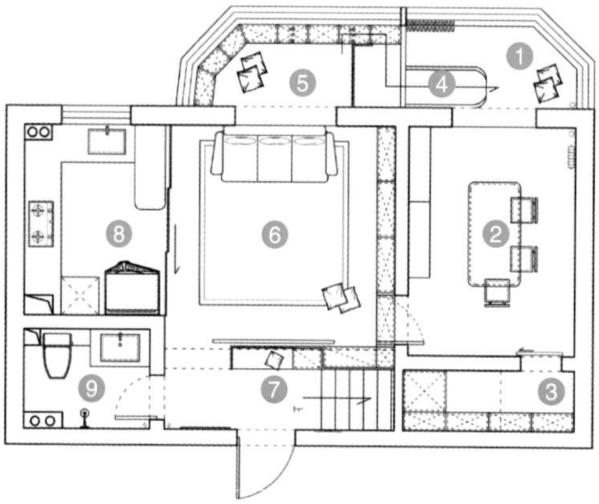

一层平面图

① 阳台　② 书房（餐厅）　③ 储物间　④ 滑梯　⑤ 储物榻榻米　⑥ 客厅　⑦ 玄关　⑧ 厨房　⑨ 次卫

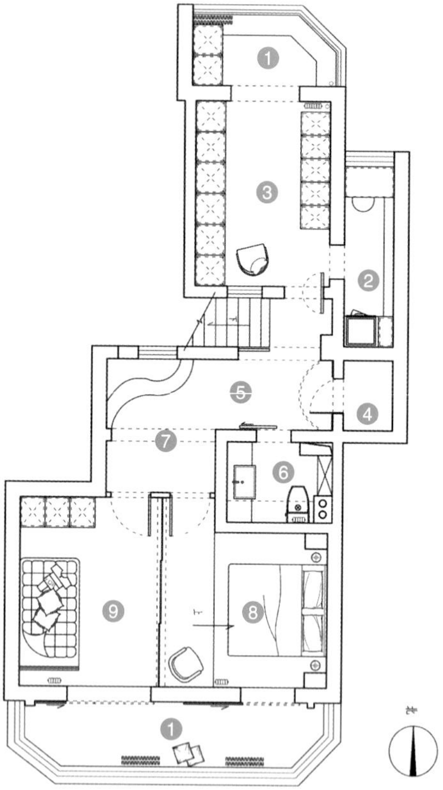

二层平面图

① 阳台　② 储物间　③ 衣帽间　④ 淋浴间　⑤ 走廊　⑥ 主卫　⑦ 娱乐区　⑧ 主卧　⑨ 儿童房

案例

13

Hello
summer

业主需求

·家里有两个小朋友，要考虑他们长大后空间的变化。

·希望小朋友的活动空间多一些，不一定非要在一个固定的屋子里玩耍，希望父母照看孩子的同时也能有自己的空间。

·对色彩的接受度较高。

·家里衣物特别多，希望有一个独立的衣帽间。

·原空间有很多不好用的位置，希望可以改善。

空间规划及设计

房子拥有上下两层且不规则的房屋架构，一层朝北，二层南北通透。在设计过程中，客厅四面没有完整墙体，老房难以挪动的管道以及一层单面采光都是待解决的问题。幸运的是，一、二层都有较大的阳台，而且部分墙面为轻体墙，让设计师有了更多可发挥的空间。因此，在平面布局上有了如下的设计：

第一，厨房外墙拆除后，整体向客厅侧扩大，变为可开放、可封闭式的厨房。

第二，客厅电视的方向由原格局的东西向改为南北向，增加了一面书墙。

第三，将两个利用率不高的北阳台打通，合并为儿童游乐区，作为玩具储备区和娱乐空间。

第四，将占空间但昏暗不变的二楼走廊改为儿童阅读角。

第五，淋浴功能从原来的卫生间中剥离，原卫生间旁的储藏室改为淋浴区。

改造后的客厅是一家人最喜欢待的地方，明亮的色彩搭配与窗外灿烂的阳光相得益彰。为了让孩子在家也能尽兴玩耍，客厅里没有茶几，收纳功能都转移到一旁的书柜上。家具也选择了灵活的款式，冰冷的瓷砖上铺一层几何样式的地毯，孩子们光着脚在地上奔跑也不怕着凉。为了让客厅尽可能宽敞，设计师没有放常规的电视柜，而是选择利用玄关背后的格栅固定电视，并贴心地做了隐藏式的柜门把手，避免孩子磕碰。柜门和书房门合二为一，减小了门扇开启所占用的书房面积，同时从外侧看来客厅空间更加规整。木格栅和玻璃结合的隔断使空间中增加了一个玄关，又不影响一楼有限的采光。

3扇联动的推拉门可以方便地将厨房和客厅彻底分隔成两个空间，解决了油烟问题。透明玻璃又可以让两个空间在视觉上更通透，让家人有更多互动。厨房由一组U形橱柜和木质吧台构成，作为厨房台面延伸的吧台不仅为男女主人提供了一个早上吃简餐的空间，还为厨房增加了更多的操作空间，吧台腿上安装了两个滑轮，可以方便灵活地改动方位。

书房在家里承担了多种不同的功能：来客人时，这里变身餐厅；休息时，这里是夫妇俩陪宝宝们玩耍、写字的空间；辗转夜深，这里又是夫妇俩自我进修或者处理工作的地方。书房有一整面墙使用了黑板漆，可以供孩子尽情地画画、写字。

两个打通的阳台做成了带有滑梯的娱乐空间，这个打破传统儿童房概念的设计让夫妇俩在繁忙的工作之余，不会缺席孩子短暂又有趣的童年时光，陪伴孩子一同成长。滑梯下方做了榻榻米，可以完全储物，榻榻米上面铺上了加厚的软垫，在孩子们玩耍中增加了安全保护。同时充分利用窗户下沿的剩余尺寸给孩子们做了玩具收纳柜，收纳柜的抽屉同时也是楼梯踏步，一物两用。贴近榻榻米的抽屉可以拉出来当第一步台阶，收回去又和其他抽屉看起来别无二样。当孩子们在阳台玩耍时，在书房里的爸爸妈妈能随时看到他们的状态。

一层的次卫铺了小白砖，搭配浅绿色地砖，简单又清新，这个卫生间主要供客人使用。

二层楼梯间及过道为孩子们的阅读区，旁边用木质结构做了两步台阶，妈妈和孩子们可以坐在台阶上，也可以走进里面可以阅读的小房子（楼梯上方）。楼梯立面选用了海蓝色，拾级而上，人会一直走到壁画的海平面处。

二楼楼梯尽头处有一大块空间是通向两个卧室的主通道，利用率非常低，设计师把这里改造为读书角，现场制作了两层弧形梯台，既能放书，又能当凳子使用。

两个小朋友的睡眠区安排在二楼南侧，因为两个宝宝年纪较小，偶尔还会和爸爸妈妈一起睡，所以业主夫妇的主卧采用地台加床垫的形式，除了可以增加地台的储物量，还可以同时容纳 4 个人。主卧和儿童房之间用了 3 扇推拉门进行隔挡，既可完全封闭为两个独立的房间，又可以打开，让空间视觉增大，同时会让宝宝们心理上更有安全感，知道爸爸妈妈就住在自己的对面。二楼单独设置衣帽间，存放家人的衣物，并用筒灯、导轨射灯作为空间的主要照明。

二层的卫生间相对隐秘一些，业主希望用更个性化的设计丰富孩子们的世界，所以设计师选取了橙色作为卫生间的主色调，并把淋浴功能从卫生间中剥离出来，使干区和湿区都更宽敞。

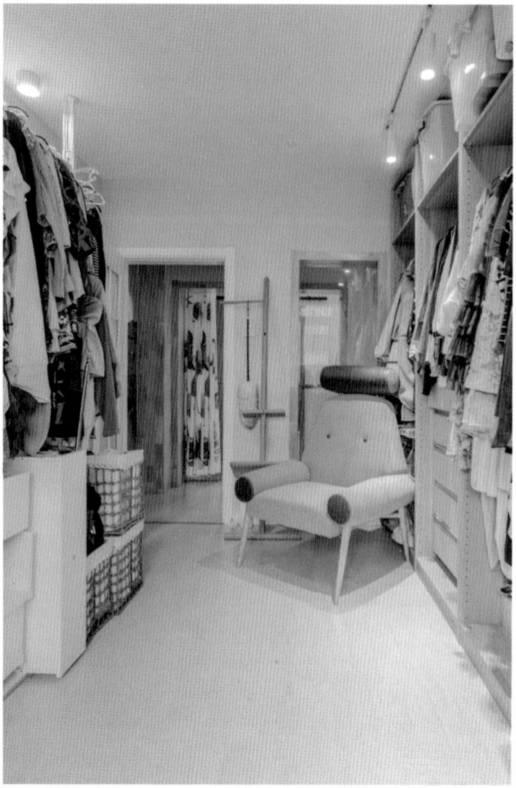

家庭收纳规划

一层北阳台整个都是地台，收纳孩子们的玩具和不常用的杂物。一层东侧房间中的衣帽间以收纳大型杂物为主，如孩子的婴儿车等。一层客厅整面墙大部分存放了孩子们的绘本和玩具。大人的衣物大部分收纳在二层北侧衣帽间里，阳台上放全家人的鞋子，阳台里还有一个储物间作为洗衣空间以收纳洗衣用品为主。儿童房里的上下床除了解决孩子们的睡觉问题，最下方还有与床同宽的拖曳玩具箱，零零散散的玩具全部可以放进去。二层南阳台也都是地台，主要收纳过季的被褥和其他杂物。

多子家庭空间设计的特殊性

1. 孩子小的时候可以同住一间儿童房，长大需要独立分房睡时，可将二层北侧衣帽间改为第三间卧室。

2. 儿童房与主卧之间用了玻璃隔断，打开后两个房间在视觉上更宽敞，夫妇俩也能参与孩子的日常生活，而不是把他们关到独立的房间里。

不足 50 m² 的空间如何满足六口人的需求

基本信息

完成时间：2018 年

地点：中国·北京市

设计公司：北京七巧天工设计

主创设计师：王冰洁

面积：49m²

居住人：业主夫妇、业主的大女儿（4 岁）、业主的小儿子（1 岁）、女业主的父母

主要材料：饰面板、实木板、混油、瓷砖、涂料

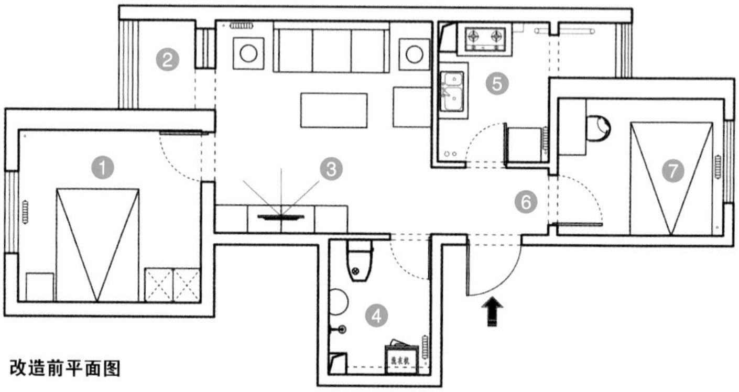

改造前平面图

1. 主卧
2. 阳台
3. 客厅
4. 卫生间
5. 厨房
6. 玄关
7. 次卧

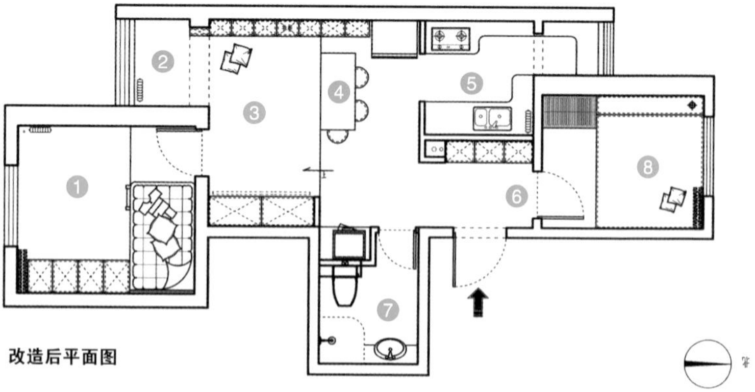

改造后平面图

1. 主卧
2. 阳台
3. 客厅
4. 餐厅
5. 厨房
6. 玄关
7. 卫生间
8. 儿童房 + 姥姥、姥爷房

案例

14

meow

业主需求

· 家里要方便孩子的姥姥和姥爷照顾孩子。

空间规划及设计

客厅是一个多功能的空间，同时也是书房、餐厅和家人活动的空间。客厅里有一个长 2.1m，高 120mm 的侧面发光的实木地台，其余空间都铺了小花砖。西面整面墙是书柜，书柜是半开放的形式，使用了白色、明黄色和湖蓝色的撞色，整体色彩比较明快。为了能放不同规格的书，书柜每一个层板都设置了不一样的高度。书柜左侧是单独的阅读区，家人可以在这里席地而坐，互相交流。紧靠地台处有一个可伸缩的餐桌，可从 1.2m 伸长到 1.6m。客厅东侧墙上预留了投影幕布，这样在餐桌吃饭或者在地台上学习娱乐的时候也能有在电影院的感觉。

紧挨着地台东侧的是一个内嵌洗衣机的高柜，柜子右侧包住的是卫生间马桶的下水主管道。

北侧主卧主要是业主夫妇居住，由于空间小，这里摒弃了常规的活动床，改成了一个2m×2.1m的榻榻米床，床头部分的厚度是250mm，并且设置成了3扇推拉门的形式，里面是空的，这样业主平时化妆或者学习的时候可以将3扇门推到一边，把腿伸进去，床头就变成了化妆桌或是学习桌，睡觉的时候把3扇门合上，又是一个可以正常依靠的床头。

原户型厨房的利用率很低，里面放了一个单开门冰箱、一个单体的洗菜盆和灶具，洗菜盆和灶具都没办法做成左右两侧贴墙的形式，原因是如果洗菜盆贴近东侧墙体就没办法开门，灶台贴近北侧就没法进入北侧的阳台，所以这个厨房使用起来非常不方便。改造之后，厨房的轻质墙体被打掉，新建了一组墙体，在入户门处增加了一组 1.6m 长的嵌入式玄关柜。厨房的门洞开在了南侧，做成了半开放式的橱柜，这样整个厨房的操作空间就非常流畅，增加了操作台的面积，使用起来更舒适。

卫生间原有的格局非常不方便，洗手盆和花洒在同一个位置，花洒正对洗衣机，时间久了对洗衣机的寿命有影响。改造后，卫生间的墙体被拆掉，新建的墙体做了加固。卫生间里是入墙水箱和壁挂马桶，并且利用入墙水箱上方的空间增加了一个壁挂小洗衣机，滚筒洗衣机放在了卫生间外面。浴室柜旁边的暖气改成了小背篓式，既能散热，也能当毛巾架使用。

家庭收纳规划

玄关柜左侧上下是放鞋的区域。平时进门的鞋就放在下面。中空的位置可以放一些随身携带的包、钥匙等物品。玄关柜右后方有一根上下通顶的暖气主管道，所以这个位置用来当作进门衣物的挂放区，既能挡住管道，又美观实用。

客厅东侧地台上的位置原本计划放一架钢琴，但是业主后来考虑到家人需要更多的储物空间，所以这里做成了 550mm 进深的衣柜。

主卧榻榻米床侧面是 3 个大抽屉，这里可以放内衣、领带、袜子等生活物品，方便拿取。靠窗的床箱是翻板的形式，可以收纳使用率较低的物品。

儿童房榻榻米右手边是一个 600mm 进深的衣柜，衣柜靠上下床的侧面区域留了 250mm 长的空间做成了开放格的书架，相当于上下床各有了一个 600mm 长、进深 250mm 的书柜供小朋友使用。榻榻米左手边是一个翻板桌，平时需要使用的时候可以直接抬起来当桌面，不用的时候放下去。上下床的部分床箱外侧是抽屉的形式，可以收纳孩子平时常玩的玩具，方便拿取。

多子家庭空间设计的特殊性

儿童房由两个孩子和孩子的姥姥、姥爷共同居住，所以这个房间做了宽 1.2m 的上下床给两个小朋友使用，上下床的爬梯是一棵大树的形状，还有一个 2.4m×2.1m 的榻榻米给小朋友的姥姥和姥爷居住。晚上两个孩子单独在上下床上睡觉，两个老人既能照顾孩子，又能和孩子的床分开。

双胞胎家庭的特殊性

基本信息

完成时间：2018年
位置：中国·太原市
设计公司：三原色设计工作室
主创设计师：杨洁
面积：165m²
格局：3室2厅2卫2阳台
居住人：业主夫妇、业主的双胞胎儿子（4岁）、男业主的父母
主要材料：乳胶漆、木门
最终费用：36万元

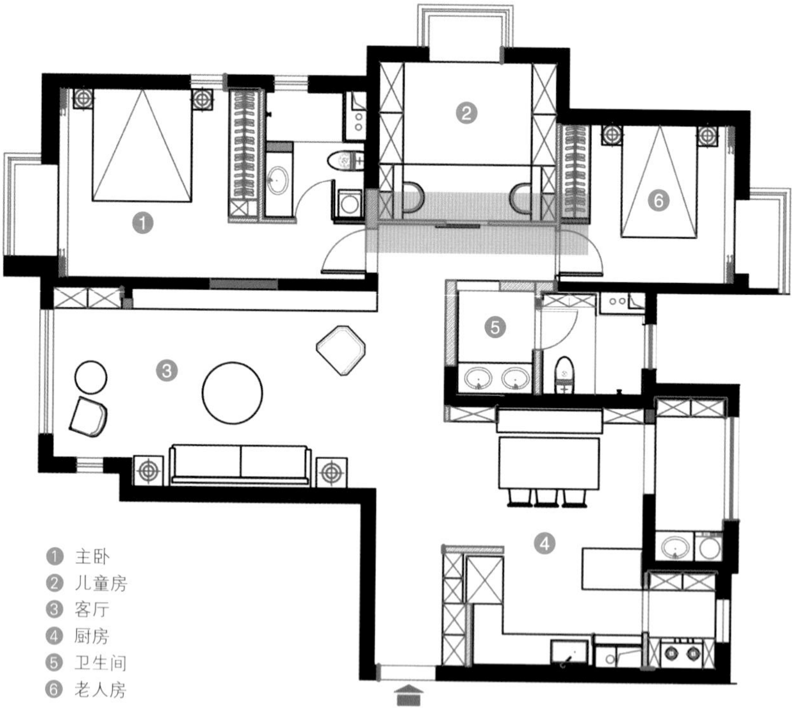

案例
15

业主需求

·无所谓风格，以实用为主。

·家里要收纳的东西比较多，有孩子的玩具、书籍，大人的茶具、书籍等。家里的鞋也比较多，需要一个大衣帽柜。

·白天照顾孩子的人有爷爷、奶奶和姥姥，所以最多时有7个人同时吃饭，需要一个大餐桌。

·孩子的奶奶喜欢做面食，要擀面，厨房需要长台面。

·男业主喜欢喝茶、听音乐，女业主喜欢看书、弹琴，他们希望多陪孩子的同时也能保留自己的爱好。

·卫生间干湿分区，因为早上卫生间使用频率比较高。

空间规划及设计

这个家的原始户型结构合理、南北通透、中西厨分离，3个卧室都在静区，保证了各个房间的私密性，不会和客厅及餐厅等动区穿插。主卧朝南，北面是老人房，中间是儿童房，次卫的开门位置也方便了孩子和老人的夜起。但是为了更好地满足业主的需求，在设计上还是对户型做了一些小改动。儿童房面积是10.5m^2，原始户型门的位置在右侧，改动后门的位置居中，这样两边可以分别放下书桌。

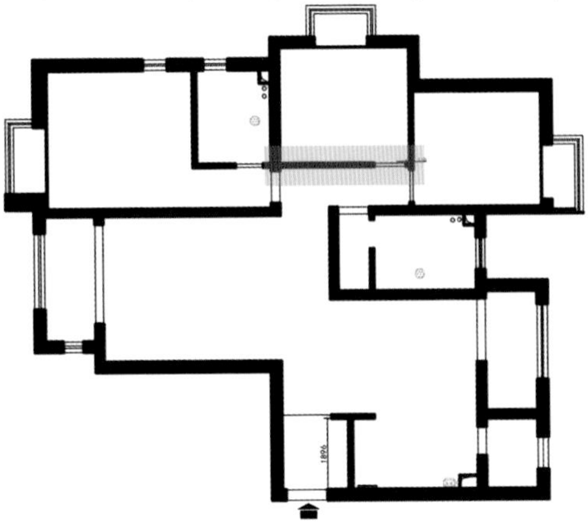

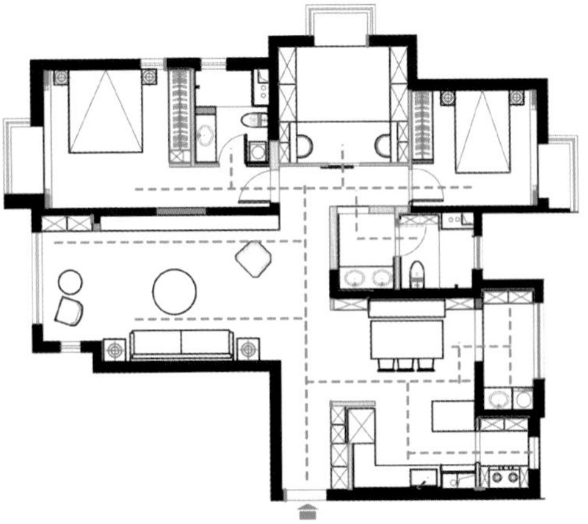

0~6 岁的孩子需要在父母及老师的陪伴下在玩耍、学习，这个阶段父母的陪伴更重要，所以相对于把孩子的游戏室放在独立的房间内，不如放在开放的公共区域，这样更方便家长的看护和陪伴。在这个家里，现阶段孩子还没有写作业的需求，为了更好地陪伴及引导孩子学习，客厅也是孩子的玩耍和阅读区。在不影响使用的前提下，设计师在客厅增加了孩子的运动器械，这些器械可以拆卸，更换其他运动。茶几和沙发结合的摆放形式让客厅有大面积的活动区，同时，茶几也是孩子的游戏桌。

客厅另一侧的过道区有整面墙的黑板漆，可以展示孩子的画作。与客厅相连的阳台上有妈妈的钢琴，可以在家和孩子弹琴唱歌。阳台另一侧是种植区。

餐厅和西厨相连，这样孩子从幼儿园放学后，妈妈做晚餐的同时，爸爸可以陪孩子在大餐桌上看书、画画。孩子长大后需要写作业时，可以在自己的房间独立完成。

4 岁的孩子还没有和家长完全分床，还需要父母的陪伴，入睡前是亲子间比较亲密的时刻，爸爸会陪兄弟俩在床上玩一会，妈妈则会给孩子们读绘本或者跟孩子们聊聊天，所以儿童房需要一个大床。高 0.35m、宽 2m、长 2.5m 的大地台可以装下一家四口，等孩子慢慢长大，可以拆掉地台的中间部分作为过道，两侧各放一张 1m 的单人床。

家庭收纳规划

家里最多时有七口人，收纳是重中之重。设计师将原本 1.9m 的玄关柜改为 2.5m，同时也增加了橱柜的长度，为了让冰箱和橱柜在一个水平面上，在不影响鞋柜的使用下把鞋柜子宽度缩小到 400mm。

次卫为了避免早晨全家人洗漱时冲突，使用双台盆，新建的湿区门后还增加了收纳柜。中厨门的位置做了移动，为中厨增加了收纳和台面备餐区。北阳台的门洞加了墙，不仅增加了餐边柜收纳，同时利用了 350mm 的空间在北阳台做了三开门的家务工具柜。

儿童房两侧有宽 0.5m、长 2m 的大衣柜，可以放衣物、玩具和书籍。衣柜分 3 个部分，最顶层收纳被褥，中间层是孩子取物品比较方便的高度，可收纳玩具及书籍、书包等，在孩子探索空间的阶段，可以在大开放格里爬上爬下，最底层收纳衣物，有挂衣区和叠放区，挂衣区高 1.2m，可挂成人长衣，孩子长大也不影响衣柜使用。小件衣服可以放在叠放区，抽拉的设计取用方便。靠床外的柜子放当季衣物，父母站床边伸手就可以打理，里面的柜子放不常用的换季衣物。孩子的物品除了儿童房集中收纳以外，其他房间更多的是融合收纳，尤其是孩子在幼儿阶段无法独处，需要和家人在一起。一组 5m 长的电视柜，不仅是大人的水吧区，同时也是孩子的书籍、玩具收纳柜。卡座下的开放格可以放孩子的玩具，餐边柜可以收纳孩子的零食和书。

多子家庭空间设计的特殊性

1. 这个家里的厨房和餐厅连在一起，可以增加全家人的互动和交流，孩子也可以做一些力所能及的家务，如和妈妈一起烘焙，帮妈妈拿碗筷。

2. 双胞胎家庭里，孩子对分配物品的公平性要求比较高，所以儿童房的设计要保证任何物品都是一人一份的原则。

3. 双胞胎家庭里看护的家长比较多，三代人住在一起需要扩大公共区域，满足全家人在一起的需求，但每代人都要有相对独立和私密的空间。孩子的房间在中间位置，方便父母和爷爷、奶奶照看。

让孩子在家里得到平等对待

基本信息

完成时间：2017 年
地点：中国・北京市
设计公司：时境建筑
主创设计师：张继元，卜骁骏
面积：150m²
原始格局：2 室 2 厅 2 卫
改造后格局：4 室 2 厅 2 卫
居住人：业主夫妇、业主的大女儿（4 岁）、业主的小儿子（1 岁）
主要材料：木材、大理石
最终费用：140 万元

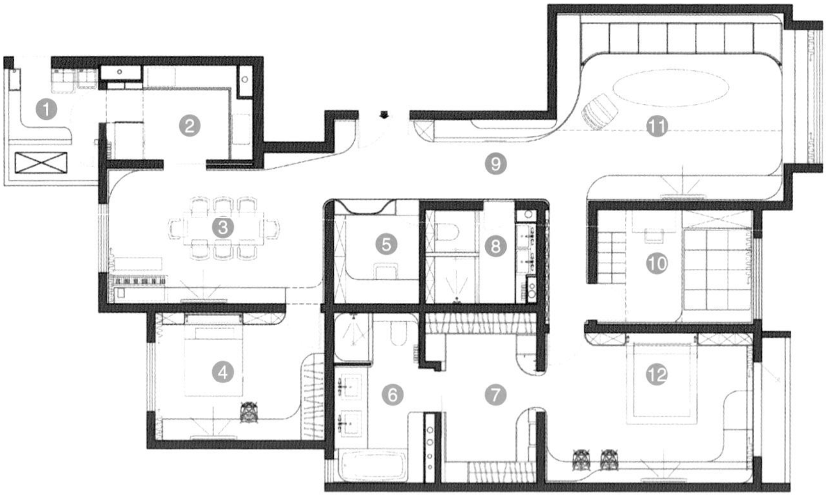

1 生活阳台
2 厨房
3 餐厅
4 客卧
5 书房
6 主卫
7 衣帽间
8 卫生间
9 过道
10 儿童房
11 客厅
12 主卧

案例

16

业主需求

· 家里要明亮，易清洁。

· 比原来有更多的储物空间。

· 把面积较大的主卧分割成两个房间，一个作为业主夫妇的卧室，一个作为两个孩子未来共同生活的空间。

· 男主人需要一个独立的书房，可以由原来的储藏间改造。

· 孩子有更多玩耍和学习的空间。

· 使用无辐射、无排放的材料。

空间规划及设计

客厅在改造后，去掉了常见的茶几，置物的空间变成了房间两侧的窗台和柜台。对业主和他们的孩子而言，改造后家庭的活动区域达到了最大化。父母和孩子的房间设在一起，连接两个房间的走廊被设计成可以画画的磁性白板墙。儿童房设计成上下两个空间，上层睡觉、下面用来学习和玩耍，楼梯下方是柜子，地面被抬高，下面可以存储物品。

住宅内天花板和地角都有线性光源，整个空间非常明亮。

家庭收纳规划

在改造前，家里所有的角落都已经被各种用品堆满，尤其是孩子的玩具、衣服等，非常杂乱，在这样的情况下，孩子没有太多可以玩耍和学习的空间。

经过改造，整个住宅被设计师分为两种不同属性的空间：存储空间和人活动的空间。它们被一条连续的木墙分割，木墙之外是存储柜，木墙之内是人的空间，几乎每个房间里都有足够的收纳空间，整个住宅里采用了350多个收纳的抽屉或者门。

门口处有高大的收纳柜，用来存放旅行箱以及孩子的童车。门厅有鞋柜和换鞋的座位（座位设置了小朋友的高度），还有挂衣服的位置。客厅里所有沙发的下方全部都是抽屉，可以存放孩子的玩具以及各种沙发布艺。主卧沙发的下面做成了中空的形式，可以收纳被褥。儿童房内榻榻米式的收纳空间打成了16个格子，可以把孩子的玩具放在里面。儿童房和主卧的门口有更小的格子，可以收纳在白板教育区使用的水彩笔、小书本和小玩具等。书房里有大面积的书架，把男主人所用的计算机以及各种书籍全部收纳其中。

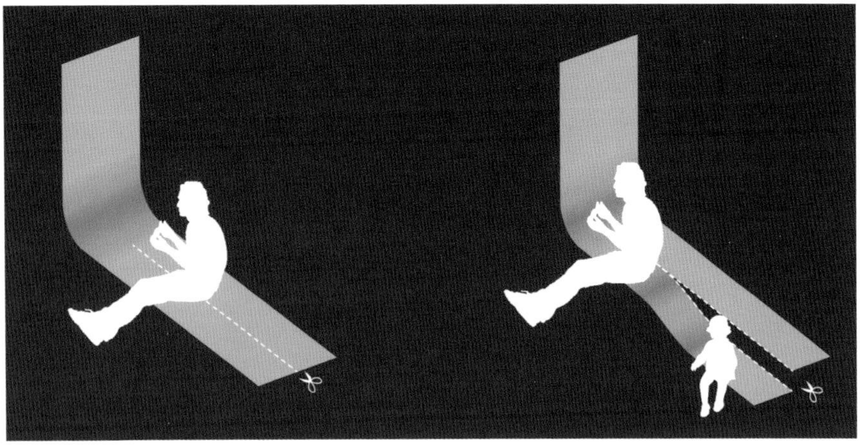

多子家庭空间设计的特殊性

1. 关注孩子身体的尺度，让他们在家庭中得到正常和平等的对待，这也是这个住宅设计上最大的特点。孩子在一天天长大，他们需要适合他们身体尺度的家具，也需要可变的空间模式。基于这样的考量，这个家里除了有适合成人的 450mm 高的座椅和沙发，还在此基础上加入了 200mm 和 250mm 高的适合儿童的家具，方便他们坐卧玩耍，还有 250mm 高的台面搭配软包，孩子们可以在这样的台面上自由活动。儿童房里的学习区设置了可以调整高度的桌面，0 ~ 3 岁的孩子可以在 250mm 高的台面上玩耍，4 ~ 6 岁的孩子可以在 500mm 高的台面上画画或做手工，6 ~ 12 岁的孩子可以在 600mm 高的台面上写作业。孩子的玩耍空间则使用了电动式的升降的地板来充当升降椅，控制按钮只有两个，孩子可以亲自操作，这个设计受到了业主很多亲朋好友的喜爱。

2. 设计要让孩子体会到家庭的乐趣，也要让父母和孩子的关系更紧密。通常，家居空间的精装修不会考虑孩子的生活和学习空间，一般都是后期由业主自行购买家具来满足孩子的需求。但是这样会有很多重要的空间不能满足孩子的特殊要求。在这个家里，主卧和儿童房之间的走廊上，一整面墙全部是由白色背漆玻璃构成，这个白板的背后是可以被磁铁吸上去的铁板。在这个走廊里，父母可以和孩子一起写字、学英语、画画。

3. 所有房间里都没有直角，墙角都设计成了半径 600mm 的圆角。木墙也被去掉了棱角，由连续的曲面构成，孩子们可以在家里自由奔跑。

4. 所有的板材都是实木齿接板，最大限度地满足业主的环保需求。

儿童房更要考虑未来

基本信息

完成时间：2015年
地点：中国·台北市
设计公司：欣琦翊设计有限公司
面积：80m²
居住人：业主夫妇、业主的大儿子（4岁）、业主的小儿子（1岁）
主要材料：松木合板

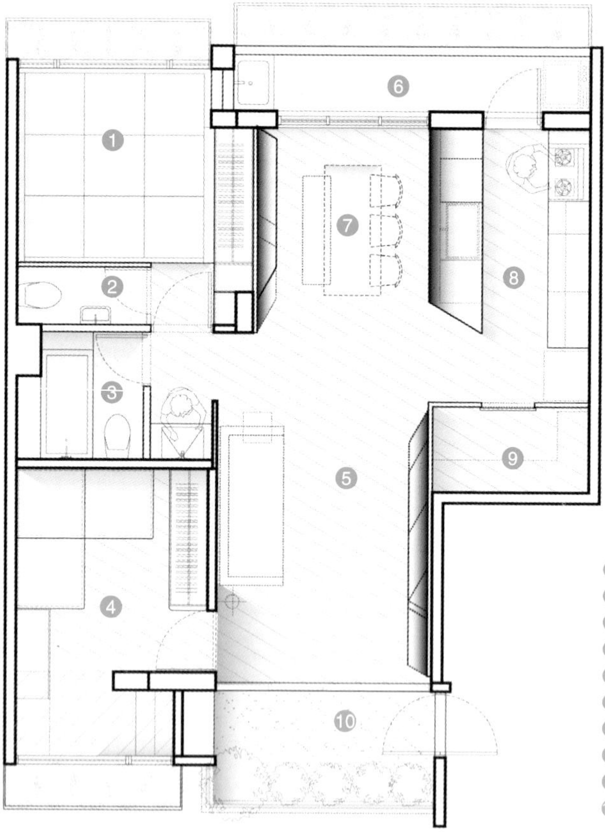

1 主卧
2 卫生间
3 浴室
4 儿童房
5 客厅
6 阳台
7 餐厅
8 厨房
9 储藏间
10 入口

案例
17

业主需求

· 家中有两个小朋友，希望空间规划能重视大人与孩子的互动。

· 希望空间简洁但富有设计感，不要过冷的色调与氛围。

· 要有储物间。

· 业主的小儿子与父母一起睡，希望主卧空间更大。

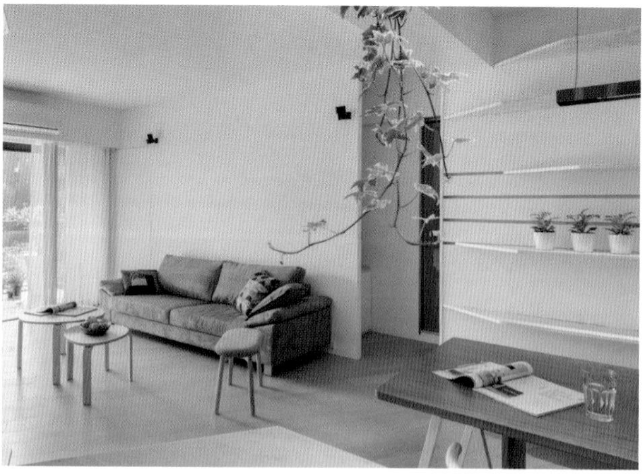

空间规划及设计

由于业主期望能够与孩子有更多互动，所以餐厅的餐桌是多功能的桌子，孩子在餐桌上做功课的时候，妈妈可以在厨房准备餐点并且可以观察到孩子的情况。主卧设计成了通铺的形式，在视觉上有放大空间的效果，也可以让一家四口都能睡在一起，避免孩子从床铺上滚落。全平面的区域铺上棉被就是爸爸和两个小男孩摔跤战斗的区域，他们可以在上面尽情翻滚，父母也能得到与孩子互动的喜悦。

儿童房里使用了正常大小的单人床，在小朋友离家前都不需要重新规划床铺空间。室内空间面积不大，两个小朋友是同性，所以兄弟俩睡上下铺，有效利用空间，有趣的排列方式不同于传统宿舍式的上下铺，兄弟俩躺在床上的时候也能聊天、互动。因为小朋友很喜欢玩滑梯，所以在上下铺旁增加了可拆卸的滑梯，不需要的时候可以拆卸下来，让出书柜的位置。大大小小的孔洞让小朋友嬉戏的同时也能促进认知。

家庭收纳规划

客厅电视墙后方是一间储藏室，所有零散的物品及家庭备品全部放到储藏室内，让客 / 餐厅保持整洁清爽，空间也自然地放大了。

儿童房靠窗边的卧榻区下方制作了大抽屉柜，供小朋友收纳玩具，整面式的大衣柜可以容纳两个孩子的衣物及换季的被褥。

多子家庭空间设计的特殊性

1. 不同家庭有不同的需求和设计规划，但是一定要考虑未来，而不是只做一个短期内就必须修改的设计。

2. 安全与美感需要兼顾，所以这个住宅空间内的阳角都裁切成一个角度，避免孩子碰撞的同时也保持视觉上的透视效果，让空间显得更宽敞。

案例

18

分区收纳，两个男孩的家也可以井井有条

基本信息

完成时间：2019年

地点：中国·北京市

设计公司：恒田设计

主创设计师：Ryan、王恒

面积：59m^2

格局：3室1厅

居住人：业主夫妇、业主的双胞胎儿子（6岁）

主要材料：木作

最终费用：40万元

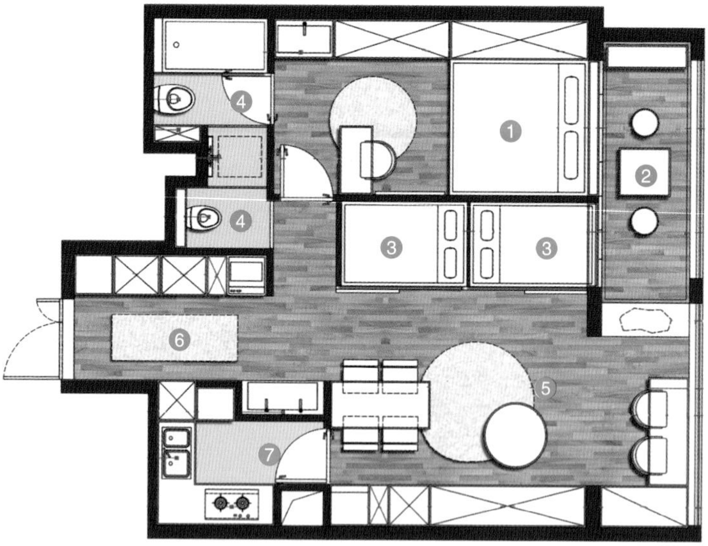

1. 主卧
2. 茶室
3. 儿童房
4. 卫生间
5. 客／餐厅
6. 门厅
7. 厨房

业主需求

·东西藏得住，文化气息浓，空气好，景观好，哪里都能读书，哪里都能靠。

·装饰风格朴素淡雅，慵懒宁静，和风、中国风都可以。

·室内简洁明亮，以白色、亚麻色等浅色调为主，除床头灯外都不要暖光，工作区域（洗菜切菜区、餐桌、写字台等）要尤其明亮。

·要有新风系统。

·要有健身角，给孩子练跆拳道的空间。

·前 6 年孩子的学习环境为半开放，后 6 年为全封闭。

·大人的房间要相对封闭。

·马桶要有两个。

·每个区域都要有足够多的储物空间，不排斥任何方式的储物，可以配合登高爬梯拿东西。最好做到桌面上看不见东西。

·要有茶桌和对应电源。

·电视要投影仪。

空间规划及设计

整个空间以白色与木色为主色调，通过简洁清爽的环境减少小面积带来的压抑感。原始的户型为 1 室 1 厅，客 / 餐厅比较拥挤。由于过道浪费面积太多，实际使用面积只有 $59m^2$。在充分了解业主的设计需求后，设计师从中提取设计点，“处心积虑”地设计了各种动线，给这个四口之家打造了极致舒适的居住体验。门厅是住宅里主要的区域之一，也是收纳物品最为繁杂的空间。从换鞋、换衣，把脏衣服脱下收纳，再到洗手，所有进家门后的清洁动作，都在一条笔直的线上顺畅地完成，让人迅速地切换到“在家模式”。

考虑到两个孩子需要在起居室（客/餐厅）练跆拳道，因此没有摆放传统的沙发、茶几，而是最大限度地留出活动的空间满足业主的需求。

厨房从右到左，依次安排了洗、切、炒功能区，动线上的设计合理，烹饪的全流程操作十分流畅。一些从厨房分离出来的家电放在了西厨，极大地释放了厨房内的操作和收纳空间。

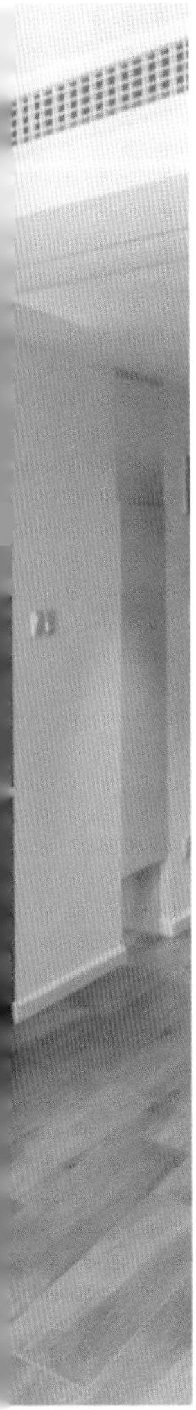

卫生间是设计的重点之一，设计师巧妙地将原先户型的公寓式酒店卫生间一分为二，主卫和次卫共用一个双开门的淋浴房，这对于一家四口来说，使用上方便了许多。同时，主卫和次卫的门使用了磨砂玻璃材质，这样可以保证两个卫生间同时使用，又避免了通透空间造成的尴尬。马桶处的小花洒方便清洗地面，不留卫生死角，挂墙的马桶可以让地面清洁更彻底。

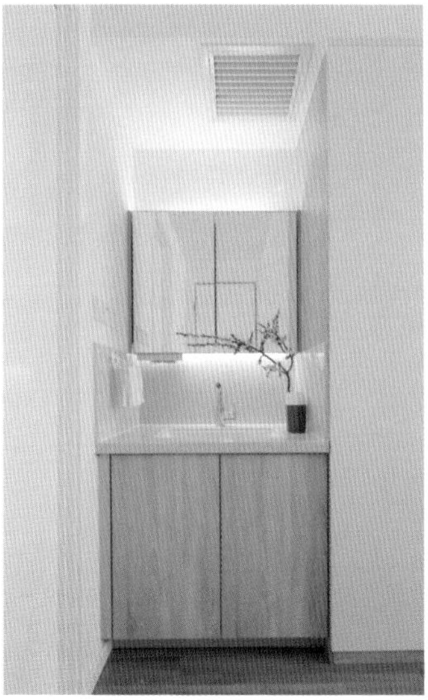

卧室的窗帘选用了木质的百叶窗，隔音又隔热，采光的同时也能有效地阻挡紫外线的射入，保护房间内的家具。当阳光层层叠叠地洒进房间，光影之间透进绿意，温暖又惬意。

木作定制的儿童床外侧是抽屉，可收纳儿童使用率比较高的衣物，里面的翻板柜体则可收纳不常用的物品。

家庭收纳规划

门厅隐藏着有极大收纳空间的旋转鞋柜和家政柜。家政柜解决了家居清洁用品的收纳问题，柜体下挑空，方便收纳扫地机器人，同时也不会给人压抑之感。墙上的孔板置物架为空间带来了灵性，浴室柜下面可抽拉的台阶方便小孩的使用。客厅大面积的木作收纳柜结合了电器柜、衣柜，生活效率随之提高，也能最大限度地留出活动空间。衣柜下面的挑空可以收纳练跆拳道的器械和玩具，同时也和门厅的家政柜相呼应，增加空间的节奏感。

厨房的收纳通常是每个家庭最为头疼的事情。这个住宅的厨房在储物上利用了橱柜的每一寸空间，将厨房内的工具按照功能及使用方式分门别类，最大限度地释放台面空间，为操作提供便利。

卧室嵌入式箱体床的设计为卧室带来了更多的收纳空间，再加上大范围的定制木质衣柜，既能让大量居家杂物妥善收纳，同时也使整个空间舒适又宁静。

阳台榻榻米的使用不仅增大了储物空间，还增大了一家人的活动空间。室内用于储物的高柜子分为两个分区：0 ~ 190cm 的部分收纳常用物品，191cm 到柜子的顶部收纳不常用物品，舒适便携的收纳让储物变得井井有条。这个高度是根据使用者的身高及活动伸展舒适度反复推敲而来，由此才诞生了一个能带来极致体验的卧室。

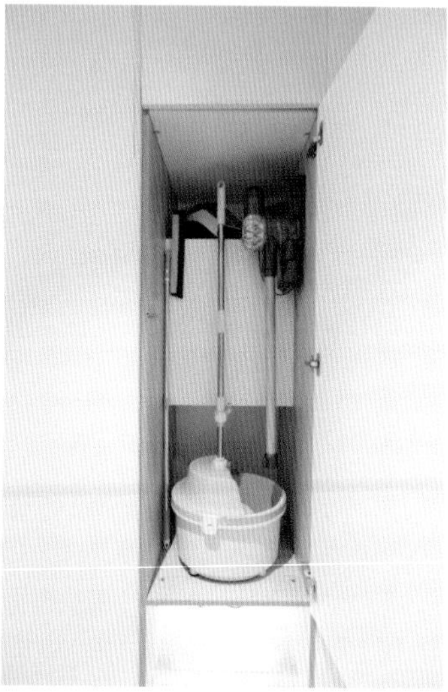

多子家庭空间设计的特殊性

多子家庭的空间设计要考虑到孩子的成长速度，要留出更多给孩子的空间，包括学习、玩乐。如果目前孩子的年龄较小，要更注重安全，但也要考虑到长大后，给他们留出私密的空间。

60m² 如何容纳三个大人和三个孩子

基本信息

完成时间：2018 年

地点：中国 · 苏州市

设计公司：张烨建筑事务所

面积：60m²

居住人：业主夫妇、业主的大儿子（8 岁）、业主的二儿子（2 岁）、业主的小儿子（2 岁）、女业主的母亲

主要材料：木材、石材

最终费用：15 万元

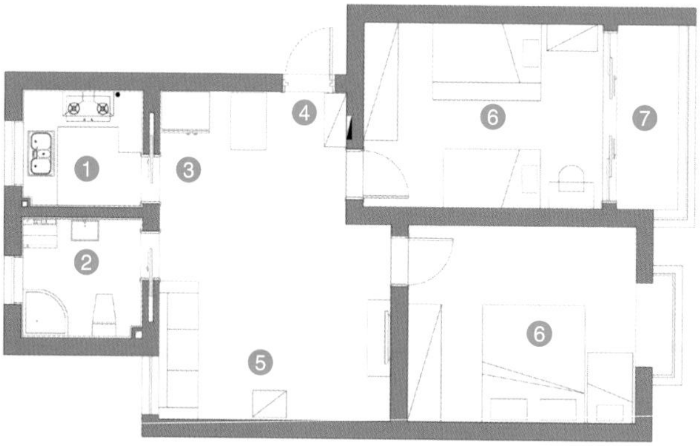

改造前平面图

1. 厨房
2. 卫生间
3. 餐厅
4. 玄关
5. 客厅
6. 卧室
7. 阳台

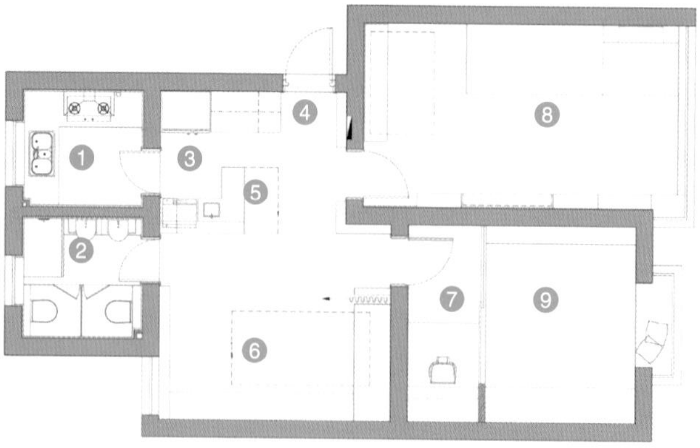

改造后平面图

1. 中厨
2. 卫生间
3. 西厨
4. 玄关
5. 餐厅
6. 客厅（老人卧室）
7. 书房
8. 儿童房
9. 主卧

案例

19

业主需求

· 女主人要求在有中厨的基础上增加做早餐的空间，同时又能照看 3 个孩子。

· 男主人要有独立的书房。

· 孩子的姥姥需要有自己睡觉的空间。

· 业主的大儿子要有独立的床和书桌。

· 2 岁的双胞胎男孩目前要跟父母一起睡，但未来要预留他们的独立床铺。

· 孩子们要有与邻居小朋友玩耍的空间。

· 卫生间要有两个马桶和两个台盆，减缓早晨一家人上厕所的压力。

空间规划及设计

2室1厅的小家原本住着一家三口，但随着双胞胎的出生，孩子的姥姥要过来帮忙，全家人的生活空间变得紧张起来，60m^{2}的两居室要住3个10岁以下的孩子，2个成人，还有1个75岁的老人。因为全家人生活习惯不同，现有的居住空间给他们造成了很大的不方便。

经过设计师的改造，在原有房间结构不变的基础上，将客厅打造成一个多功能空间，可以在这里会客，孩子可以在这里玩耍，晚上还可以当作老人的卧室。平时这里就是小朋友的活动空间，卡座后方做了一块白板，方便小朋友在上面涂涂画画。可旋转电视同时满足客厅与西厨的观影需求，让女主人在做饭的时候也不会无聊。

定制的PVC日式折叠门用来分隔空间，平时折叠门隐藏在柜体内，夜晚睡觉时拉开就能形成一个相对独立的卧室。电动床可直接用遥控器控制，伸缩五金件为质量很轻但承重能力很强的航空级塑钢材质，底部也有保护垫，不用担心会划伤家里的木地板。

为了让业主的大儿子有一个安静的学习环境，设计师打掉阳台与房间的隔断，让原本拥挤、光线不足的儿童房变得更明亮。上床下桌的形式为孩子打造出了一个相对独立的生活、学习空间，二层加了防护网。在儿童房入口处有一个隐藏式上下铺的设计，当双胞胎弟弟们长大后可以在这个区域休息。中间的场地预留给孩子作为公共活动场地，可以摆放毛绒玩具、摇摇木马、小帐篷等儿童尺度的玩具。室内白色和原木色的搭配不会刺激到儿童的眼睛。灯光以洗墙灯光和暖色泛光灯为主，搭配了羽毛吊灯做装饰。墙上的折叠黑板提供孩子画画的墙面，放下后可以作为书桌使用。

主卧被改造成了榻榻米房，与飘窗相连的超大躺卧空间，让忙碌一天的夫妇两人能得到充分休息。目前双胞胎还要与父母同睡，榻榻米面积大，能避免小朋友掉下床的危险。卧室入口相对独立的空间用玻璃推拉门隔出一间书房，这里是男主人的办公桌，书桌的桌面掀开后背板是镜子，书桌内设置适合放化妆品的分隔盒，还可当作女主人的梳妆台。在厨房与客厅中间增加了一个带烤箱、水槽以及洗衣机的西厨，女主人能在备餐和洗衣的同时看护在客厅玩耍的宝宝。卫生间使用了双盆和双卫的设计，两个马桶之间用磨砂玻璃隔开，形成两个独立的空间，可以缓解早晨一家人如厕紧张的问题。

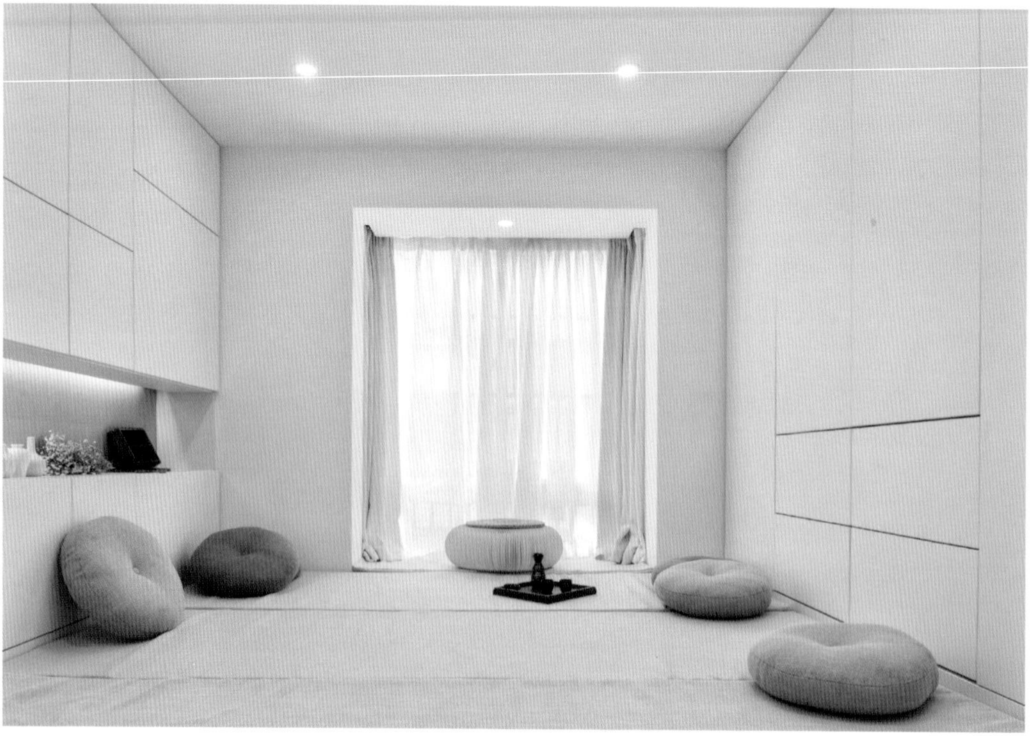

家庭收纳规划

改造后的客厅里没有大型沙发，而是使用了内藏储物空间的卡座。6 个收纳凳将 3 个孩子的玩具全部隐藏收纳，再也不用担心玩具侵占客厅。

儿童房里的柜子和置物板可以分类收纳不同的用品和衣物，从小培养小朋友的整理收纳能力。墙面上有一个软木板和洞洞板组成的像小房子一样的展示区，“小房子”内也是小朋友挂衣服的地方，墙面上的小黑板翻下来也是写字台。通往二层儿童床的楼梯设计成了储物的抽屉，可用来收纳小朋友的玩具。

主卧充分利用墙面收纳，床下空间收纳。榻榻米的储物空间充足，两边配有大衣柜，增大收纳空间。

多子家庭空间设计的特殊性

多子家庭的儿童空间设计不仅要关注现有情况，还要为未来几年儿童的成长做充分的考虑，让儿童空间伴随儿童一起成长。儿童房在设计上，应该充分考虑小朋友的身高尺度和习惯爱好。不同年龄段的儿童，设计上也不能千篇一律。

0 ~ 3 岁的孩子还需要父母的长时间照顾，儿童房应该具备婴儿床、换衣台、高脚椅、爬行垫以及一些储物柜，用来满足孩子休息、吃饭、爬行等需求。

4 ~ 7 岁的儿童要开始培养独立意识，儿童房应该具备休息、活动、读书、收纳的功能。根据这一阶段儿童的身高以及行为特点，应该尽量选择低矮的儿童床，甚至是一个儿童床垫直接铺在地板上，方便孩子爬上爬下，也不用担心摔下床造成磕碰。在床头或者活动区布置帐篷或纱帘，形成一个小小的空间可以增加孩子的安全感。活动区布置在房间中央，让孩子在软垫或地毯上玩玩具，读书区与收纳区沿墙面布置。可以使用模块式的家具，根据房间格局自由组合抽屉、斗橱、衣柜等。墙上可以布置 2 ~ 3 层的绘本架，绘本架比书架更适合儿童取书，把绘本架布置在儿童活动范围内的墙面上，可以帮助孩子培养阅读习惯。儿童房的墙面也还可以做大面积黑板墙供儿童涂鸦，或者用软木板贴一些照片或者世界地图等信息。有条件的家庭可以做一面攀岩墙，下面用床垫做保护。儿童房的收纳形式可以由封闭式收纳和开放式收纳组成。封闭式收纳就是衣柜、抽屉等，开放式收纳由几组可移动的收纳盒构成，这种收纳盒可以让孩子把玩具快速收拾起来，从小培养物品管理的习惯。注意，收纳盒不宜过大过深，

避免小件玩具堆在里面难以发现。还可以设置一个小型落地衣帽架，用来悬挂常穿的衣服。

8 ~ 12 岁的孩子已经开始有读书和写作业的需求，书桌和书架要更正式。这时候孩子的社交也增加了，要考虑有朋友留宿的时候需要多增加一个床位。在空间有限的情况下，可以选择上层床铺下层书桌，同时兼顾储物收纳功能的组合家具。如果是女孩的房间，储物的需求会更大，还要有梳妆空间和全身镜。男孩房间还可以增加双杠或引体向上的器材或者沙袋，但是要注意安全保护。儿童房设计还要遵循安全的原则。

1. 在材料的选择上要环保，预防甲醛等有害物质。家具是表面涂油，安全级别很高的木蜡油实木家具，需要板材的情况下选择 E0 级别板材。
2. 要注意防磕碰。房间里不要有尖角出现，避免不了的时候可以使用防撞条。家具务必要固定在墙面上，防止儿童攀爬时倾覆。抽屉或者柜门使用不突出面板的暗把手，五金件带阻尼功能，防止快速闭合时夹伤手指，在必要的时候用儿童锁保护安全。
3. 防触电。电插座要有盖板保护功能，插座尽量放在高一些的地方，让儿童接触不到。
4. 防止儿童误吞家具螺丝之类的小零件。

儿童房的灯光布置要均匀柔和，也可以使用云朵、羽毛等造型的吊灯，还要留一盏夜晚照明的低瓦数小夜灯。颜色搭配上，硬装部分不需要过于鲜艳，颜色的种类也不宜过多，以免分散儿童的注意力。在软装方面可以局部搭配一些能激发孩子想象力的颜色，也可以培养小朋友对色彩的感受和审美。

在面积足够的情况下，有两个儿童的家庭可以把两张儿童床布置在房间两侧低矮的位置。房间面积有限的情况下可以考虑上下床设计，下铺可以离地很近，上铺尽量做防护网，台阶也可以兼具储物功能，两个孩子各自有读书和收纳空间，但活动空间共用。如果面积还是很紧张，可以考虑可变家具，把床和书桌等折叠起来，白天房间是活动场地，晚上则可以用来休息。

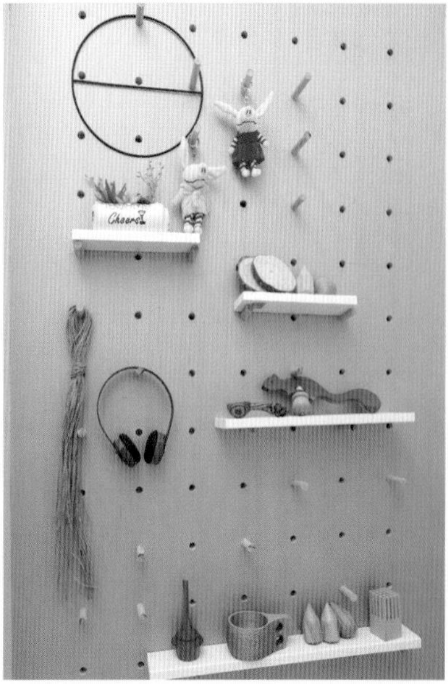

现代简约空间，让孩子随处涂鸦

基本信息

完成时间：2017年

地点：中国·台中市

设计公司：筑青设计

面积：132m²

格局：3室2厅

居住人：业主夫妇、业主的大儿子（8岁）、业主的小儿子（5岁）

主要材料：喷砂栓木皮、铁件、白色烤漆、清水模涂装、黑色烤漆玻璃、瓷砖、集成栓木

最终费用：54万元

1 主卧
2 儿童房
3 卫生间
4 儿童游戏室
5 厨房
6 餐厅
7 玄关
8 书房
9 储藏间
10 客厅

案例

20

ALLY
MAMING
HAPPY NEWYEAR
MEOW
MOM DAD
I am good at drawing MY Bird!!

业主需求

· 家里有两个孩子，业主希望家中没有空间死角，可以随时观察到他们。

· 客厅不需要电视，业主希望在规划上创造出更多和小朋友互动的空间。

· 业主喜欢现代简约的空间，家里减少不必要的装饰。

空间规划及设计

业主想让客厅成为家人互动和情感交流的核心空间，所以舍弃了大尺寸的电视和昂贵的音响设备，取而代之的是大面积的书柜、可以随时涂鸦画画的活动黑板和可以随处坐卧的石头造型的坐垫，让小朋友有一个可以随时阅读学习的开放环境，同时家人也可以在这里聊天或安静思考。

ALLY
MAMING
HAPPY NEWYEAR

书房将原房间的一半墙面拆除，改用通透的玻璃，降低了空间压迫感的同时，也让视觉和自然光线得以延伸。在房间里工作的父母可以随时观察到在外面玩耍的孩子，孩子也可以感受到父母的关注。原来封闭的厨房墙面也被拆除，改为吧台，业主可以在这里一边泡咖啡一边和客人聊天，也可以一边做饭一边观察小朋友的情况。

房间虽不大，但业主仍希望有一间更衣室，所以在床前设计一道不至顶的清水模墙面区隔出更衣空间同时作为主卧室的电视墙。

家庭收纳规划

延伸自书墙的玄关鞋柜延续了书柜的不规则分割线，满足了收纳功能的同时也模糊了空间的界面。书房后方规划了小型储藏室，可以收纳杂物及大型家电。

客厅的大面积书架可以放入大量书籍，不规则穿插在层板间的柜体则可以收纳孩子的玩具及教材。餐厅侧面的黑色餐具柜除了可收纳餐具和食物外，也将烤箱、红酒柜及嵌入式冰箱整合在了一起。

多子家庭空间设计的特殊性

1. 儿童房的衣柜门特别采用了白色烤漆玻璃，可以让孩子随意涂鸦。

2. 因为业主的小儿子年龄还小，现在跟父母同睡，所以另一间儿童房只摆放了钢琴和书桌，作为儿童游戏室使用，小男孩长大后再改为另一间儿童房。这里并没有刻意做设计，只用书桌上的气球吊灯赋予房间一些童趣。

3. 主卧地板架高，铺上榻榻米，直接将床垫放在上面，避免和父母同睡的小儿子滚下床铺摔伤。

小家也能创造出童话般的儿童房

基本信息

完成时间：2018年
位置：中国·高雄市
设计公司：HAO Design
面积：110m²
居住人：业主夫妇、业主的大女儿（3岁）、业主的小女儿（1岁）
主要材料：窑变仿旧红砖与灰砖、土色特殊涂料、雾黑色金属美耐板、乐土水泥特殊涂料

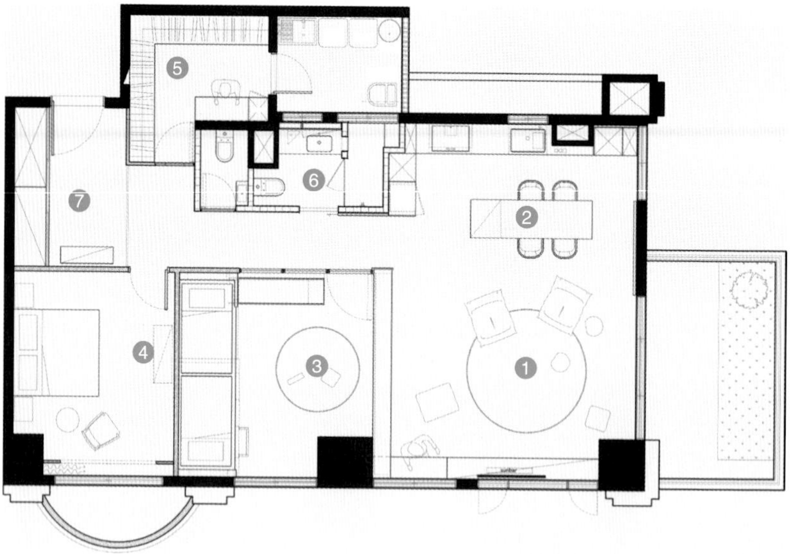

❶ 客／餐厅
❷ 厨房
❸ 儿童房
❹ 主卧
❺ 衣帽间
❻ 卫生间
❼ 玄关

案例
21

业主需求

- 希望新家是一个情景丰富的亲子空间。
- 增加采光。

空间规划及设计

入口玄关连接蓝色长廊，陆续引导出主卧室、儿童房、开放式客/餐厅三大生活区。整个空间采用了新研发的客制土壤色调水泥为基底，赋予墙面质朴温暖的自然纹理。

原主卧室改造成为客厅，让交流活动频繁的公共空间有充足的采光。

因室内空间面积不大，所以没有使用传统的沙发，并且客厅、餐厅和厨房结合成了一个开放式的空间。餐桌与中岛功能相通，红砖墙与木头材质都做了仿旧处理，营造悠闲的乡村氛围，再搭配线条简洁、镶嵌了金属的家具与灯饰，使空间呈现出摩登与现代感。

儿童房是别有洞天的探险游乐园，入口巧妙地安插在客厅书架中央，粉红色小货柜门仿佛暗示只有喝下缩小药水的爱丽丝与白兔使者才能穿过这个秘密通道。房内通透宽敞，特制的滑梯上下铺既是床铺也是游乐设备，考虑到孩子的安全，床铺安排在下方，上铺是一个观测堡垒。马卡龙色调与圆润的几何线条让儿童房仿佛是童话里的场景。靠走廊的一侧使用了玻璃隔断，方便家长看护孩子，同时也把房间里的光线引至长廊，让蓝色的走廊蜕变出光影层次，调光卷帘让儿童房既能有良好的光线，又有隐秘性。

原来昏暗拥挤的厨房改为主卧室，并在阳台砌筑了一道大型圆拱砖墙，搭配的白色纱帘柔软轻盈、如梦似幻。

家庭收纳规划

玄关设置了鞋柜，衣物则在更衣室统一收纳，节省了主卧的空间。厨房90cm高的中岛兼具料理台、收纳餐具、书桌三大功能。家具不求多，但求精巧，以此腾出更多空间。

多子家庭空间设计的特殊性

1. 儿童房设计两扇门，隔断使用玻璃材料，让视线具有穿透性，并且父母在其他空间工作时也能随时关注孩子的动向，而房间私密性则通过窗帘来解决。

2. 因为空间小，所以儿童房与孩子的游戏房结合在一起，床铺与游戏区靠墙设计成上下铺的形式，上铺是游戏区，下铺则是晚上休息的床铺。一旁的滑梯是可拆式的，孩子长大后不需要时能拆掉。

家里就是孩子创作的秘密基地

基本信息

完成时间：2016年

位置：中国·高雄市

设计公司：HAO Design

面积：150m²

居住人：业主夫妇、业主的大女儿（3岁）、业主的小女儿（6个月）

主要材料：西班牙复古花砖、木纹水泥板、复古直纹玻璃、黑色烤漆铁件、水泥乐土、白色马来漆、超耐磨木地板、天空蓝木纹板

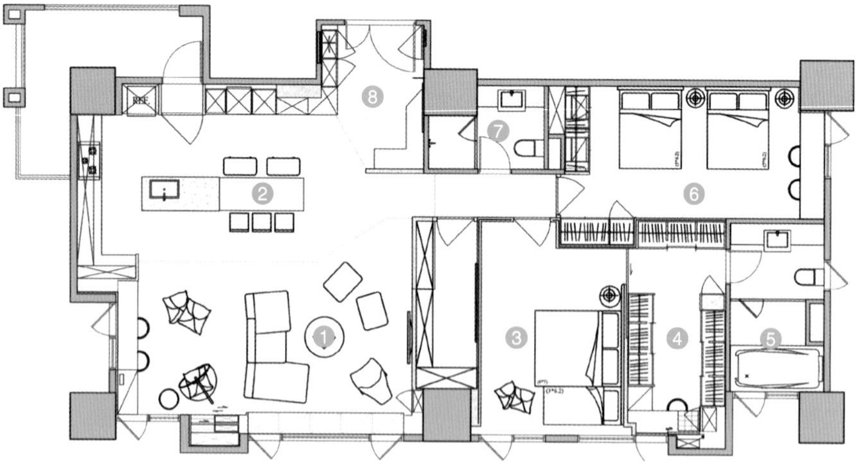

① 客厅
② 餐厅
③ 主卧
④ 衣帽间
⑤ 主卫
⑥ 儿童房
⑦ 卫生间
⑧ 玄关

案例

22

业主需求

- 希望家里视线开阔，整个空间是开放式的，能随时关注孩子的动向。
- 不希望房子里有过多的装饰，要以孩子为主，将家里设计成无障碍的空间。
- 要有开放式厨房。
- 希望将客厅打造为孩子专属的天地。

空间规划及设计

客厅采用了懒骨头形式的沙发和圆几等家具，使空间视觉更通透。客厅天花板以木隔栅作为简约而和谐的细部区隔，木格栅下方的空间是如小图书室一样的阅读空间。此外，客厅的窗景也是空间中的设计重点，每个人走进家里，视线都会不由自主地落在窗外的风景上。窗边的舒适卧榻既可以让人在此处欣赏城市的风景，也能让人在这里享受午后时光。厨房是摩登而内敛的现代风格。热爱料理的男女主人时常一起做菜，黑色马赛克瓷砖铺排的中岛与厨房背景墙搭配灰色天花板，在加入天空蓝木纹板打造的高柜和几盏水泥质感的北欧吊灯之后，厨房变得有了温度。一张木质的大长桌犹如展开的画布，衬托出了每道料理的色彩。厨房通往阳台的门可挂 S 形的挂钩展示厨房用具，门上的孔洞兼具通风和收纳的功能，既有美感又实用。

多子家庭空间设计的特殊性

1. 客厅采用特别垫高的卧榻形式，让孩子平常的活动都集中在此，家人忙碌时也比较好整理。

2. 为了培养孩子的创造力，家里被打造成了可以让孩子创作的秘密基地。譬如，玄关墙上的乐高区内，小朋友可动手拼贴乐高，提高对色彩的敏感度。客厅也有一道黑板墙，激发孩子随手涂鸦的兴致。

3. 儿童房没有使用一般女孩房间的粉红色，而是把鲜明的蓝、绿、黄色调运用在房门、柜体上，并搭配水泥墙面的灰，打造出多彩却令人感到安定的空间。衣柜柜面的趣味造型层架赋予了空间丰富的视觉变化，除了满足孩子不同阶段的收纳需求之外，也借由物件的摆放，让孩子诉说自己的故事。随着她们慢慢长大，这个小小城堡将会长成属于她们的模样。

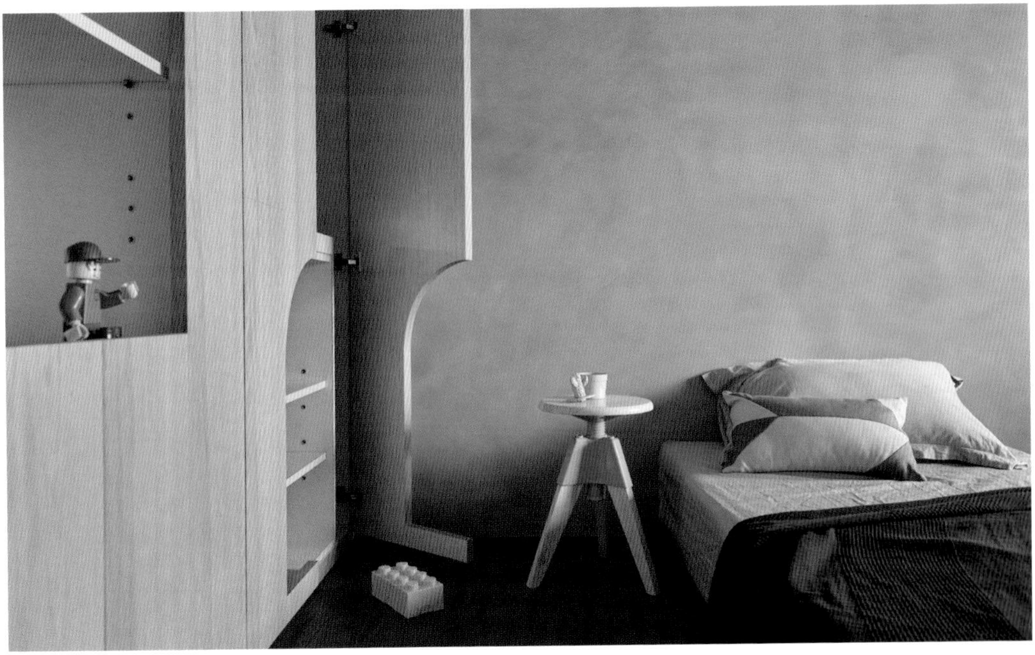

打破传统矩形的五角形住宅

基本信息

完成时间：2018年

位置：中国·台中市

设计公司：十分建筑、王喆建筑师事务所

主创设计师：王喆、郭小甄

面积：200m²

格局：3室2厅

居住人：业主夫妇、业主的大儿子（12岁）、业主的小女儿（9岁）

主要材料：木作喷漆、钢板烤漆、盘多摩地坪、可弯石膏板

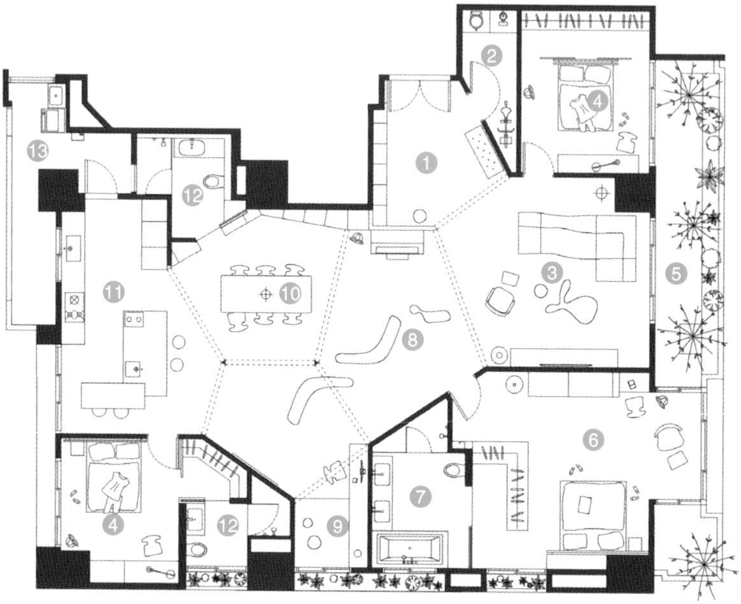

1 入口
2 储藏室
3 客厅
4 儿童房
5 阳台
6 主卧
7 主卫
8 钢琴区
9 阅读区
10 就餐区
11 厨房
12 卫生间
13 工作阳台

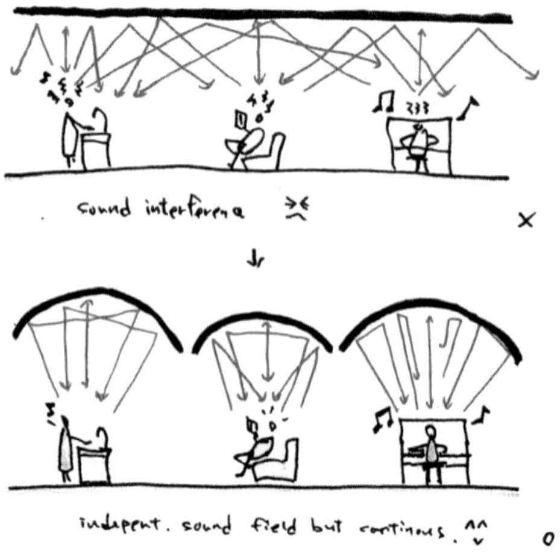

案例

23

业主需求

· 日光能洒入室内，光影成为随时变化的“装修素材”。

· 良好的通风。

· 家人可以共处在同一个空间，同时又各自拥有自己的小角落。

· 有业主小女儿弹琴的空间。

· 希望这里是一个让人不会忘记的空间。

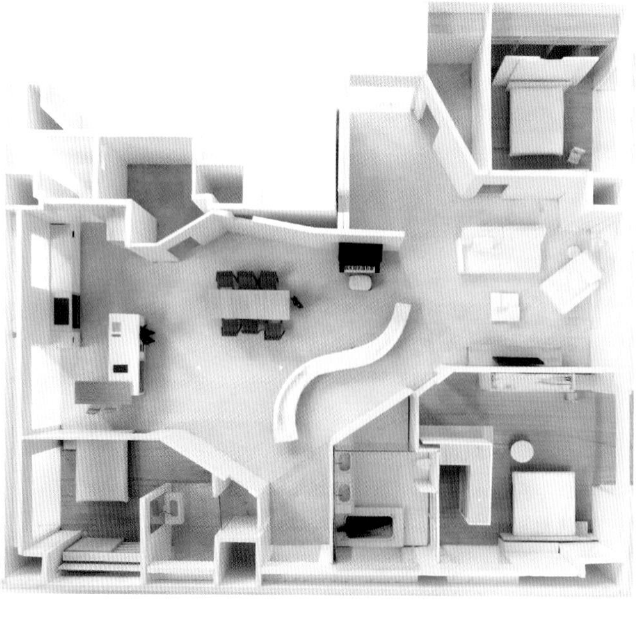

空间规划及设计

这个住宅的原始格局中，三面外墙的开口被卧室及卫浴隔间阻隔，影响了室内的通风和采光，这与业主理想中的家有很大差距。经过设计师的改造，室内的公共空间如同儿童游戏场一样，两个孩子可以在这里捉迷藏、弹琴、阅读，也可以和妈妈一起窝在卧榻上聊天。

业主的大儿子喜欢植栽，因此，他的房间与阳台相连，落地窗可以打开，方便孩子玩花弄草。同时，房间里还有他自己的书桌与衣柜。业主的小女儿喜欢梳妆打扮，所以，她的房间除了有书桌和衣柜外，还有一个独立的卫浴空间。

家庭收纳规划

玄关处的鞋柜用来收纳雨伞、钥匙和小物品。客厅里有隐藏的音响，柜子可以收纳琴谱、通信设备，还有吸尘器、行李箱、电风扇等大型物品。厨房里有 L 形的大工作桌和烤箱、微波炉、冰箱、净水设备等。主卧里有衣柜和化妆桌，用来收纳业主的物品。

多子家庭空间设计的特殊性

设计师打破了原本矩形的室内公共空间，建立了新的五角形空间，也让空间产生了流动性，几条界定空间的斜墙让人的视线和空间的动线都得到了延伸，日光洒在墙上，就像时间的印记。弧型沙发配合空间呈 S 形，是业主的小女儿演奏钢琴时的观众席，同时也是界定室内空间的元素。

能让姐妹俩增进感情的家

基本信息

完成时间：2018年

地点：中国·重庆市

设计公司：张成室内设计工作室

主创设计师：张成

面积：230m^2

居住人：业主夫妇、业主的父母、业主的大女儿（10岁）、业主的小女儿（5岁）

主要材料：乳胶漆、木纹砖、樱桃木、大理石

最终费用：80万元

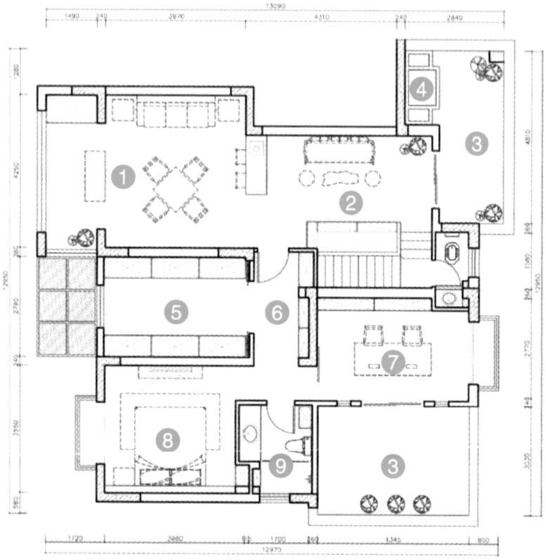

二层平面图

1. 娱乐区
2. 休闲区
3. 露台
4. 鱼池
5. 衣帽间
6. 过廊
7. 书房
8. 主卧
9. 主卫

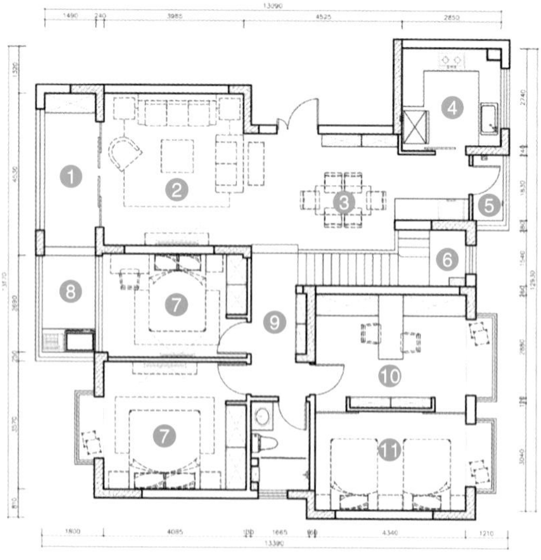

一层平面图

1. 露台
2. 客厅
3. 餐厅
4. 厨房
5. 生活阳台
6. 储物间
7. 老人房
8. 洗衣房
9. 过廊
10. 书房
11. 儿童房

案例

24

业主需求

· 餐厅区尽量靠向厨房区。考虑到烤箱的位置，冰箱用三开门或者双开门，但不能接受冰箱露出难看的侧面。餐厅要有能在吃饭时观看的小电视。

· 客厅沙发尽量大。

· 一楼需要一个杂物区用于摆放渔具，面积不小于 $2m^2$。

· 两个孩子在一个房间，两张床，衣柜分开或者分别做标识，尽量有更多收纳空间并增加照明。

· 书桌正常高度，凳子高度要可变。一定要有放书的地方，希望小朋友养成阅读的好习惯。

· 老人房要通风、采光充足。

· 老人房预留大电视的位置和对应的看电视的休闲位，休闲位要能坐、能躺、能睡。

· 主卧要有衣帽间和穿衣镜，不用电视。

· 主卧床的床头使用局部软包，有酒店的感觉。

· 每天上床前换下的衣服容易乱丢，需要有一个地方收纳。

· 卫生间要三分离。

空间规划及设计

一楼的公共区是小朋友和客人待的地方。地毯从视觉感官到柔软度与舒适性上都非常不错。客厅窗帘只用了一层纱，效果很好。电视机旁小憩的地方上座率很高，舒适感很强。沙发后的植物让整个空间更有活力。茶几乌金木的板子加亚克力的桌腿极具个性，支撑面比较好清洁，马皮凳也很特别。沙发的边柜做成纯色，没有像电视柜一样分色，使其在这个位置没有那么抢眼。

餐桌靠近西厨岛台，岛台可以当餐边柜使用。2.2m 长的大餐桌可以容纳多人同时就餐。木纹的细节自然柔和，颜色也尽量保持了木纹色。

厨房台面做了不同的高度差，把台面分为熟菜、生菜、切菜、清洗摆放 4 个区域，4 个区域可以同时使用。整个厨房有 2 个筒灯、2 个条形灯和 2 个橱柜灯，打开后非常亮。抽拉水龙头和宽度达到 750mm 的大单盆都非常实用。西厨是厨房外的单独区域，整个色彩和客厅区统一。 西厨的挡水特意做得高一些，洞板是铝材质的仿木色，这样不用怕会有滴水的东西挂在上面。

SIEMENS

为了增进两个小朋友的感情，业主选择让她们共用一间卧室。卧室是一个套间，还包括了书房和衣帽间，大女儿的衣帽柜在右边，小女儿的衣帽柜在左边，双床的好处是让两个孩子都有自己的空间。

家用的卫生间里，壁龛、毛巾架、马桶、百叶帘、悬空浴室柜、加长地漏一应俱全。专门给客人用的卫生间位于一楼和二楼之间，面积不大，所以洗手盆和水箱是一体的，这样也有利于节约资源，洗手之后的水会自动进入水箱用于下一次冲水。

二楼最大的亮点是保留了3个露台：一个是休闲露台，一个是洗衣房露台，还有一个是业主的养鱼露台。3个露台都没有封闭，尽量保留原始结构。

二楼有一个集合了休闲、健身、工作、聚会、阅读等功能的区域。地毯上没有茶几，一家人可以直接坐在地毯上看投影，或是在这里滚瑜伽球。秋千是男主人兼设计师特意为太太设计的，这个位置可以看投影，也可以和沙发上的人聊天，还可以转到背后。背景墙上男主人本人的画作与复古色皮质沙发交相呼应。书桌的桌面是原木板，下面是石材和铁艺，非常有现代感。

主卧套间里面没有设置很多门，方便晚上去洗手间。卧室床头做了半护墙与软包。床头边还有一个嵌入式的柜子与挂衣服的地方，因为衣帽间在另外一边，所以这里可以放睡前换下来的衣物。床尾放置了一个单人椅，不想躺在床上的时候可以坐在单人椅上看书。

主卧和阳台之间设计了折叠门。主卧外面的露台放了铁艺的木沙发与小边几，天气好的时候这里是重点休闲区。主卧正对的一面墙壁刷了纯白的外墙漆，夏天的时候可以在露台看投影。

家庭收纳规划

客厅区的鞋柜考虑了6个人的收纳。女主人的鞋有30双左右，其中5双高靴；男主人的鞋有15双左右，其中3双高靴；老人共计15双鞋；两个孩子共计30双鞋。公共拖鞋冬季10双左右，夏季10双左右。

客厅的电视柜是定制的，由两个小的电视柜拼装而成。药材柜似的抽屉，方便收纳各种杂物。柜子脚改成镂空的款式，方便日常做清洁。

厨房的层高接近3m，这样就可以将普通厨房的吊柜做成双层，上面放不常用的东西，下层伸手可以取拿。

二楼的实木开放柜是收藏旅行物品的地方，也是放书的好地方。书桌左边有一个茶水柜，右手边是一个书柜兼麻将收纳柜。养鱼的阳台可以收纳男主人的钓鱼工具。

多子家庭空间设计的特殊性

1. 儿童房做成了套间，两个孩子可以增进感情，同时里面的一切除了书桌都是双份的，姐姐和妹妹的衣柜单独分开，只有作业区域在一起。给两个女儿充足的个人空间。

2. 儿童房套间内的两个移门是为了降低空调能耗和保证卧室的私密感而设计的。

3. 儿童套间内的书房飘窗台有 2m 多宽，如果有其他小朋友来做客可以睡在这里。

四胞胎的跑道之家

基本信息

完成时间：2017年
地点：中国·上海市
设计公司：立木设计研究室
主创设计师：刘津瑞
面积：60m²
居住人：业主夫妇、业主的大女儿、业主的四胞胎（10岁）
主要材料：木材、PVC

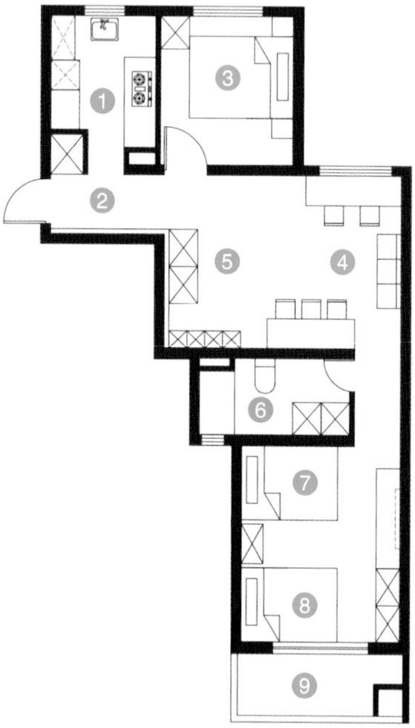

改造前平面图

1. 厨房
2. 入口
3. 父母卧室
4. 客厅
5. 餐厅
6. 卫生间
7. 女孩床
8. 男孩床
9. 阳台

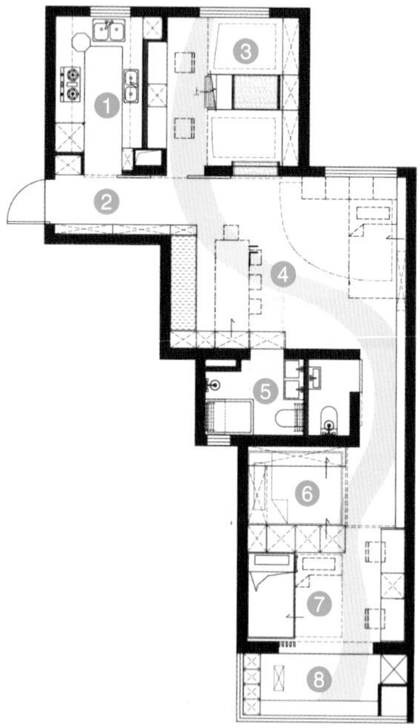

改造后平面图

1. 厨房
2. 玄关
3. 男孩房
4. 客厅、活动室
5. 卫生间
6. 父母卧室
7. 女孩房
8. 阳台

案例
25

业主需求

- 满足一家七口的生活需求。
- 有孩子们的自主活动区域。

空间规划及设计

这套使用面积 $60m^2$ 的房子住着一家七口人，原本几乎是毛坯状态的出租屋没有几件家具，极少的生活物品也因为缺乏基本储物空间而被随处丢弃，厨房和卫生间使用极度不便、狭小的餐桌甚至坐不下一家人，四胞胎只能两两挤在并排的两张床上，寒暑假从老家过来的大女儿只能住在客厅。

由于房东不允许改变房间格局，所以设计师对这个房子的改造从一开始就奠定了整体设计的基调：不去在意一面墙、一张床、一排柜子的位置，力求消解掉房间的分隔以追求空间的流动和视觉的通透，同时在微小的改动中埋下多个有趣的空间伏笔。

设计师将睡觉、吃饭、储藏等不常用的功能压缩、折叠，甚至是隐藏，将承载着家庭大部分活动的公共空间放大、打通。厨房和卫生间精打细算，卡着尺寸腾挪出了双排操作台和效率提升了 3 倍的两个卫生间。原有的两间卧室最大化地利用了垂直空间，巧妙布置下了男孩、女孩和父母的独立房间。

在满足生活必需之余，设计师利用视线引导和尺度变化，收放之间营造出日常生活中的趣味性和仪式感。一条贯通南北的跑道不仅带来了穿堂的微风和漫游的步移景异，更像画龙点睛的一笔，让每个房间都有了根和方向。

父母卧室里的移动立柜和折叠床让空间在白天宽敞，PVC 拉帘很好地保证了房间的隐私。

男孩房上下分区，满足了每个人睡觉、活动、学习的需求。山峦图案的墙面暗含着“书山有路勤为径”的期许。

女孩房的睡觉、活动、学习空间互相独立，并在高低铺下预留了第三张床，作为业主大女儿的空间，希望一家人能够在上海团聚。可书写的墙面延伸了书桌的宽度，是对孩子天性的解放。

一分为二的卫生间麻雀虽小，五脏俱全，极小尺寸的 3 套台盆、2 个马桶、2 套淋浴设备和 1 个浴缸彻底解决了一家人早晚的卫生间使用难题。

阳台专业的防粉尘、花粉纱窗消除了开窗的顾虑，立体植物园里种着小番茄、辣椒、草莓、薄荷、冰草、芹菜等植物。

家庭收纳规划

玄关树洞形状的壁龛既是放置第二天出门衣物的挂架，也是临时的换鞋凳。卡通图案放在了适合儿童视线的高度上，有助于吸引孩子主动准备好第二天出门的衣物。

从客厅延伸到主卧的窄柜上勾勒出羽毛球拍、乒乓球拍、滑板、时钟、相框的图案，希望在新家中培养四胞胎良好的收纳习惯。

亲子家庭空间设计的特殊性

1. 一系列独特的家具设计意图帮助四胞胎逐步培养起良好的生活习惯，减轻对父母的依赖。

2. 厨房使用了一系列极小尺寸的家具：260mm 宽（普通为 450mm）的极小水槽、400mm 宽（普通为 600mm）的极小台面、充分利用消极空间的八边形（普通为长方形）转角小切板，可以让孩子和父母在一起享受烹饪时间。

3. 早出晚归的父亲和孩子们常常见不到面，卫生间旁的涂鸦墙创造了一个让孩子们用文字和图画表达爱的空间。

4. 地面 PVC 材料、消音地毯和鹅卵石抱枕将四胞胎活动时对楼下的干扰降到最小。

5. 折叠式餐桌收取方便，保留了客厅作为完整游戏场的可能。

家里也能有孩子的酷玩乐园

案例

26

基本信息

完成时间：2017年

地点：中国·上海市

设计公司：夏天设计工作室

主创设计师：夏天

面积：300m²

原始格局：5室2厅3卫

改造后格局：4室2厅3卫

居住人：业主夫妇、业主的大儿子（5岁）、业主的小儿子（3岁）

最终费用：80万元

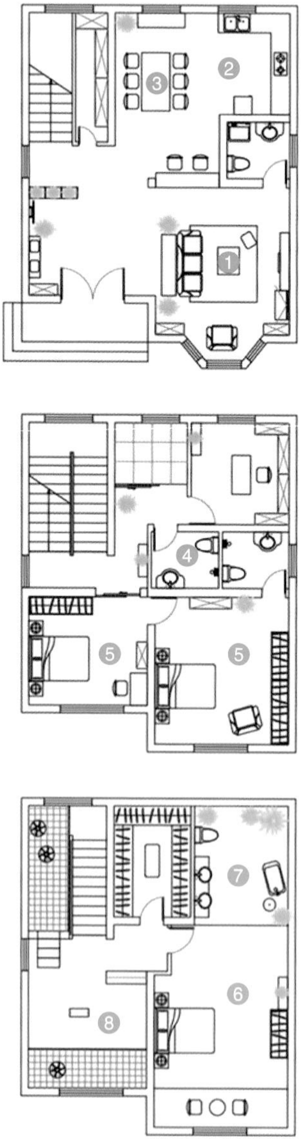

1. 客厅
2. 厨房
3. 餐厅
4. 卫生间
5. 儿童房
6. 主卧
7. 主卫
8. 儿童娱乐区

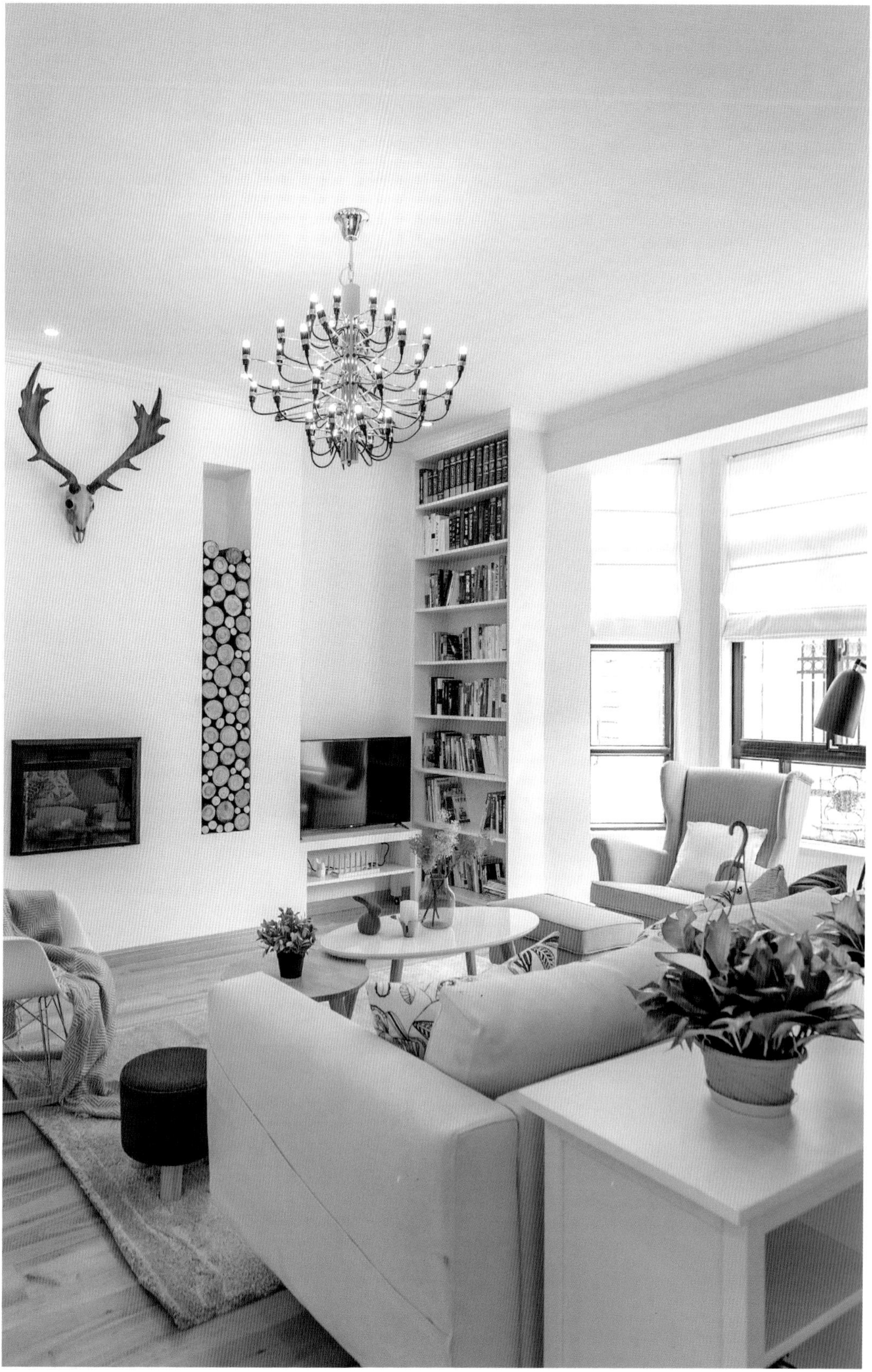

业主需求

· 业主想要在做事情时看到小朋友玩耍，希望一层多留一些开敞空间。

· 业主不希望孩子花太多时间看电视，电视在闲置的时候可以隐藏起来。

· 家中有男宝宝，考虑到男孩子比较活泼，希望在家中有供孩子玩耍的区域。

· 女主人爱读书，希望家中有大面的书墙。

空间规划及设计

这个家里常住人口有4个，2个大人、2个男宝宝。平时朋友过来玩和留宿的情况比较多，所以卧室的布置比较多。一层做成了开敞空间，这样大人做事情的时候可以看到小孩子玩耍。屋里的植物是无土水培植物，不用每天浇水，适合那些喜欢植物但是又没有太多时间照看植物的人。

客厅中设有书架，书架是通高的，高度在3m左右，最上面放置的是书模，并不是真正的书，主要起到装饰作用。常用的书籍放在中下层，方便取阅。这两个书架和阳台一起形成了一块阅读角，可以从小培养孩子的阅读兴趣。客厅中壁炉、鹿角和柴火的组合，形成了浓浓的北欧风。在严寒的冬天，家长陪同孩子在家一起围着壁炉享受着暖意。电视在壁炉的隔壁，在如今的生活中，电视在家中的作用已经越来越小，而且业主也并不希望孩子花费太多的时间在电视上，所以电视在闲置的时候就隐藏在后面。需要的时候把它拉出来看，柜子是可以移动的。

客厅和厨房中有一个结构性的柱子，因为无法拆除，所以在这里建造了一个吧台，连接着厨房和客厅，让整个房间融为一体，家长坐在吧台前喝茶、听音乐的同时还可以看到孩子在客厅玩耍。客厅吧台旁的黄色墙面上刷了一层磁性涂料，可以供家长带着孩子做一些手工DIY卡片。

厨房是开放式的，因为平时在家做饭的次数很少，而且女主人做饭的风格属于清淡类型，油烟很少。餐厅和厨房统一使用石膏板吊顶，看起来比较美观，同时内嵌了很多筒灯，满足了室内基本的光照。餐厅用的灯在安装的时候可以自行 DIY，枝杈的走向和灯的数量都是可以调整的。梯子上点缀些许小灯，让整个餐厅显得活力十足。墙面是灰色打底，因为灰色可以搭配任何颜色，而不显得很突兀，同时也可以突出墙面上的画和梯子。

主卧摒弃了传统的隔断，形成了超大型的套间。在浴缸中泡泡澡，透过天窗数着小星星，这样的画面再也不是只能出现在电影中的了。浴室里还添置了很多植物，营造了一种回归自然的感觉。

三楼是儿童的专属酷玩乐园，整体是木质结构，材料是环保指接板，由木工师傅现场手工制作，外面没有刷任何油漆，而改用了木蜡油，没有甲醛，非常环保，给孩子一个亲近自然、远离城市喧闹的场地。儿童空间主要涉及的元素是网，考虑到男孩子比较活泼，用网的元素分别做成了供宝宝攀爬的攀爬网、阅读角上方的隔离网、楼梯口上方的空中过道。

阅读区的木隔板上开了大大小小的洞，有的洞方便小孩子玩耍，钻进钻出；有的洞就像一扇扇小窗户一样，孩子可以从阅读区向外望。木隔断上切下的圆形木料也没有浪费，大的做成了小桌子，小的穿上麻绳做成了两个秋千，考虑到两个孩子还比较小，所以秋千的高度比较低，方便他们玩耍。

隔断背后是属于宝宝的专属阅读角，大人们钻进来有些困难，但对于宝宝来说刚刚好。墙面钉上小隔板，放置了孩子喜欢的绘写本，哥哥和弟弟很喜欢窝在这里一起看书。隔板和网是用角钢固定在墙上的，角钢全部加工成白色，提升了这个区域的美观度，使这个空间成为他们童年中一段美好的回忆。

楼梯上方的空间装上了网篮，是酷玩乐园中最受欢迎的一部分，两个孩子荡秋千累了可以在网篮上休息。此外，网篮还可以当作攀岩的好场地，这样在家也可以做极限运动。这样的空间实现起来并不难，同样是用角钢固定，网是工地防坠网，可以承受 200kg 的重量。

多子家庭空间设计的特殊性

家里的台盆和马桶都分别准备了一大一小两种，大的是根据常规的成人身高来定的规格。设置小马桶和台盆的需求是贴心的妈妈提出来的，如果孩子上厕所用儿童坐便器或儿童垫脚凳，会不方便转身，所以用儿童尺寸的马桶，孩子可以在不需要成人的帮助下就能轻松地上厕所，洗手也非常方便。

INDEX

索引

062

而沃设计

www.aworkdesign.com

aworkdesign@gmail.com

152

恒田设计

新浪微博：@设计师 Ryan 王恒

Tsuneda_design@163.com

098

广州猫系屋企设计

+86 13527694784

微信公众号：猫系屋企

090, 216

立木设计研究室

www.limuarch.com

limuarch@163.com

070

构筑设计

www.dota.com.tw

dota@dota.com.tw

078

普利策设计

http://www.pone.cn.com

pone_press@163.com

INDEX

索引

204

张成室内设计工作室

http://www.zc-design.cn

736647444@qq.com

162

张烨建筑事务所

www.lzarchitects.com

info@lzarchitects.com

172

筑青设计

www.arching.com.tw/portfolio_page/rma

arching168@seed.net.tw